普通高等院校工程图学类规划教材

画法几何及机械制图习题集

黄　海　葛艳红　陈　云　主编　／　刘　宁　王晓娟　杜艳迎　魏　军　胡楷雄　参编

清华大学出版社
北京

内容简介

本习题集是根据工程图学课程教学指导分委员会制定的关于画法几何及机械制图课程教学的新要求以及高等院校本科教学质量和教学方式的改革方向，融入新思想、新理念、新要求修订编写的。与相应的新编《画法几何及机械制图》教材相配套。

全书共分9章，主要知识点有：①制图的基本知识和技能；②点、直线和平面；③立体及其表面交线；④组合体；⑤轴测投影图；⑥机件的表达方法；⑦标准件与常用件；⑧零件图；⑨装配图。

本习题集修订后的最大特色是将计算机绘图和三维造型相应习题融入大部分章节，贯穿全书，充分利用现代工具的先进性和精确性，实现部分习题无纸化作图。涉及标准采用了最新国家标准。重新编排后的习题集结构更紧凑，脉络更分明，内容更优化。

本习题集可以作为普通高等学校机械类、近机类各专业的制图课程辅导书，也可作为高职高专类院校相应专业的教学辅导书，亦可供有关工程技术人员参考。

图书在版编目(CIP)数据

画法几何及机械制图习题集/黄海，葛艳红，陈云主编. —北京：清华大学出版社，2019(2025.2重印)
(普通高等院校工程图学类规划教材)
ISBN 978-7-302-53355-9

Ⅰ. ①画… Ⅱ. ①黄… ②葛… ③陈… Ⅲ. ①画法几何—高等学校—习题集 ②机械制图—高等学校—习题集 Ⅳ. ①TH126-44

中国版本图书馆CIP数据核字(2019)第168267号

责任编辑：冯 昕
封面设计：傅瑞学
责任校对：赵丽敏
责任印制：丛怀宇

出版发行：清华大学出版社
　　网　　址：https://www.tup.com.cn，https://www.wqxuetang.com
　　地　　址：北京清华大学学研大厦A座　　**邮　　编**：100084
　　社 总 机：010-83470000　　**邮　　购**：010-62786544
　　投稿与读者服务：010-62776969，c-service@tup.tsinghua.edu.cn
　　质量反馈：010-62772015，zhiliang@tup.tsinghua.edu.cn
印 装 者：小森印刷霸州有限公司
经　　销：全国新华书店
开　　本：370mm×260mm　　**印　　张**：15.75　　**字　　数**：76千字
版　　次：2019年8月第1版　　**印　　次**：2025年2月第9次印刷
定　　价：45.00元

产品编号：084052-02

前　言

本习题集应与普通高等学校机械设计制造及其自动化专业新编系列教材之《画法几何及机械制图》(葛艳红,黄海,陈云.清华大学出版社,2019)配套使用,是根据教育部所颁布的专业目录,在拓宽专业面、优化课程结构和精选教学内容的思想指导下,按照工程图学课程教学指导分委员会制定的关于《画法几何及机械制图》课程教学的新要求以及高等院校本科教学质量和教学方式的改革方向,融入新思想、新理念、新要求修订编写的。并全部采用新的国家标准。本习题集具有以下特点:

(1) 编排顺序及结构体系与配套的主教材完全一致,便于教师选用。

(2) 选题原则旨在培养学生对客观对象的图示表达能力。画法几何主要选图示部分,重点在空间几何元素及基本形体的图示表达;制图基础及机械制图部分在于训练学生灵活运用基本理论表达复杂对象的能力;计算机绘图部分着重选择与图形软件的绘图、显示、编辑和输出功能密切相关的习题,以便学生尽快掌握绘图软件的基本功能,提高绘图的基本技能和效率。

(3) 考虑到因材施教的需要,除需选择满足教学基本要求的适当数量的基本题外,每单元留有一定余量,可让部分学生选作,满足不同层次学生的教学需要。

(4) 计算机绘图和三维造型设计逐渐取代手工绘图和传统的二维设计,本习题集一改传统的编排,将计算机绘图作为基本技能和重要技能体现到各章的练习题中。

本习题集可作为普通高等学校机械类和近机类各专业的《画法几何及机械制图》课程的辅助教材,也可供成人大学、电视大学、职工大学和函授大学相关专业选用。

参加本习题集编写的有刘宁(第1章)、王晓娟(第2章)、黄海(第3章)、陈云(第4章)、杜艳迎(第5章)、魏军(第6章和第9章)、葛艳红(第7章和第8章)、胡楷雄(第8章和第9章)。

本习题集由黄海、葛艳红、陈云任主编,刘宁、王晓娟、杜艳迎、魏军、胡楷雄参编。本习题集在编写过程中得到有关方面的大力支持,在此一并表示感谢。由于作者水平所限,习题集中难免存在不足之处,恳请读者批评指正。

编　者

2019年2月

目　录

第 1 章　制图的基本知识和技能

1-1　线型	班级　　姓名　　学号	1

1. 将下面图线抄画在右边。

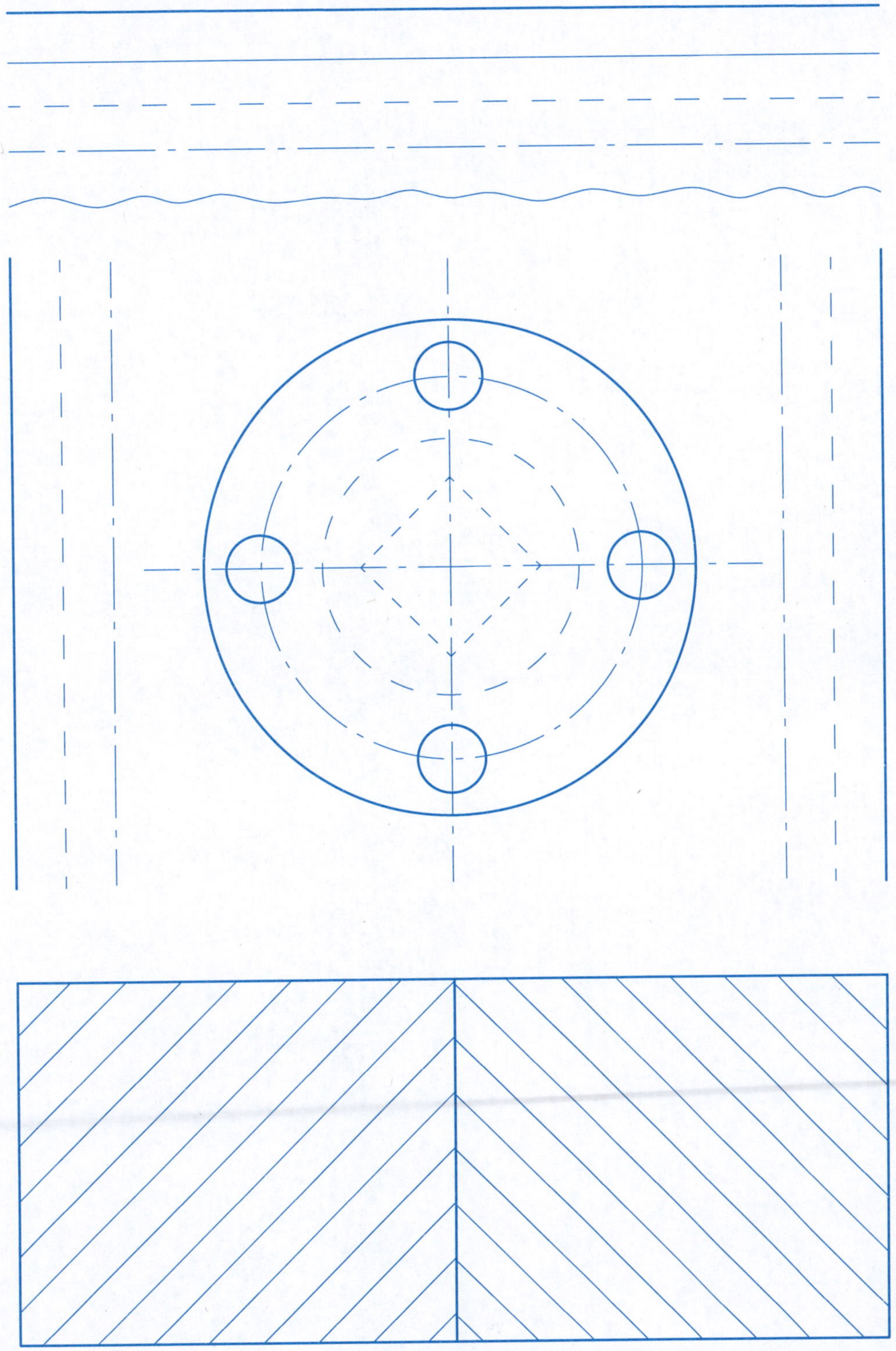

1. 检查图中尺寸注法的错误，并正确地注出全部尺寸。

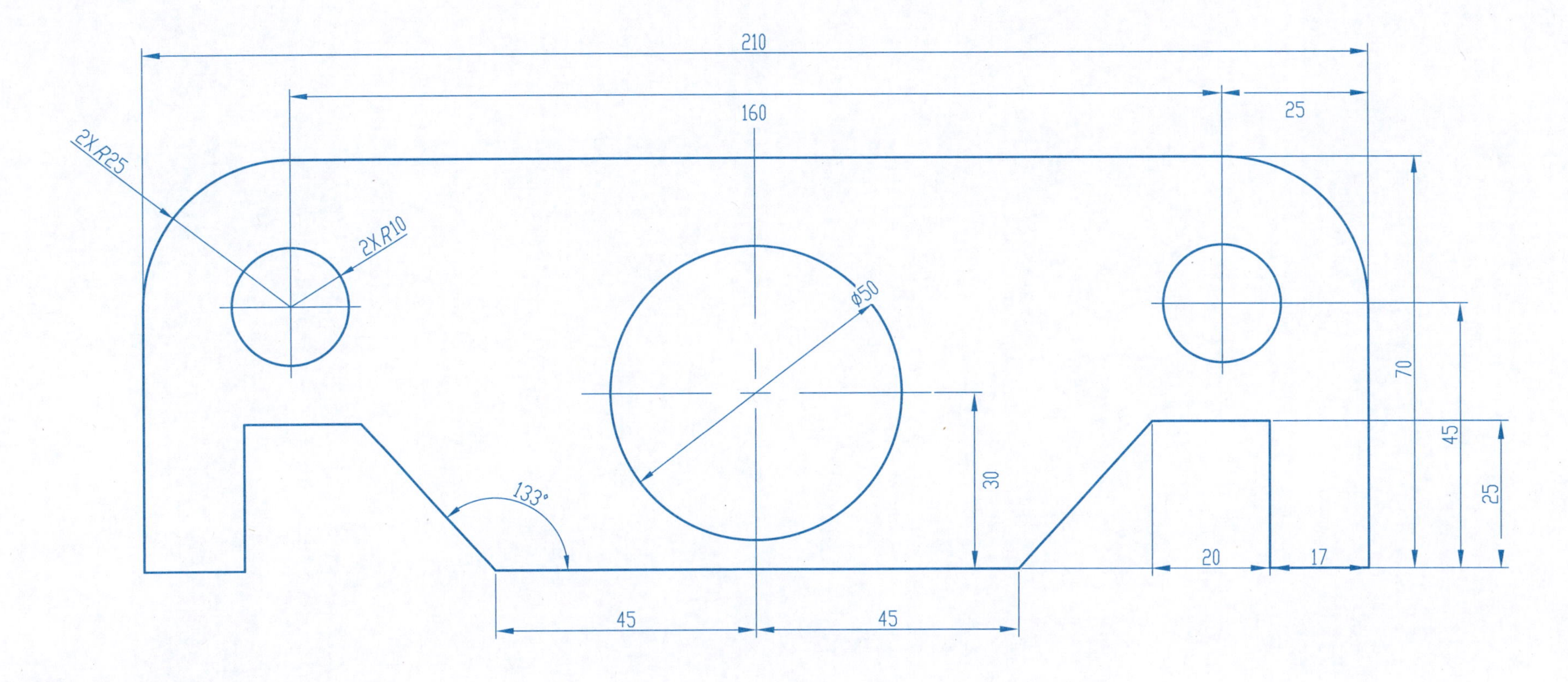

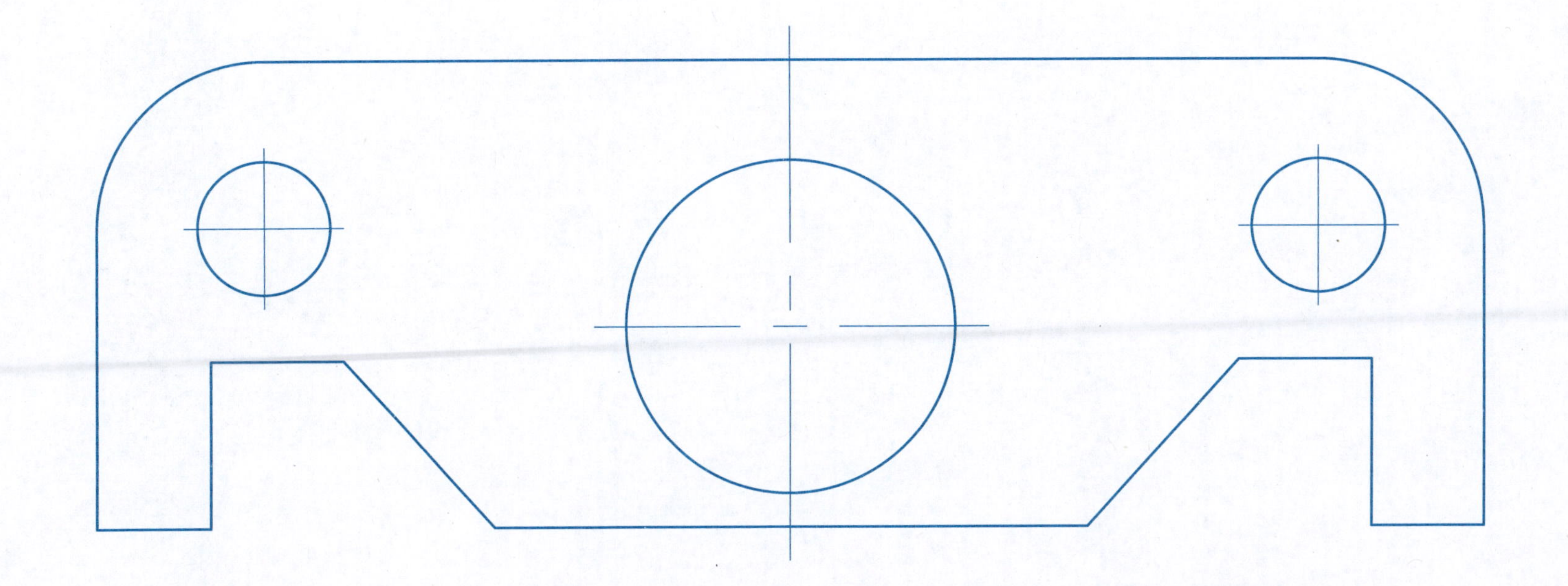

1. 求作下面圆弧的圆心。

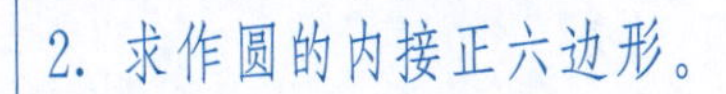

2. 求作圆的内接正六边形。

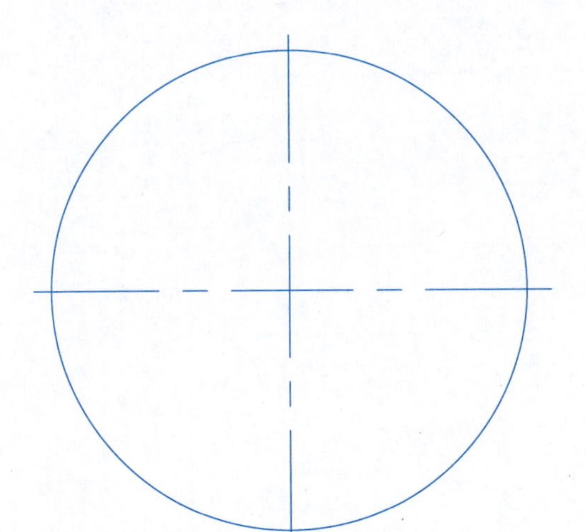

3. 求作圆的内接正五边形。

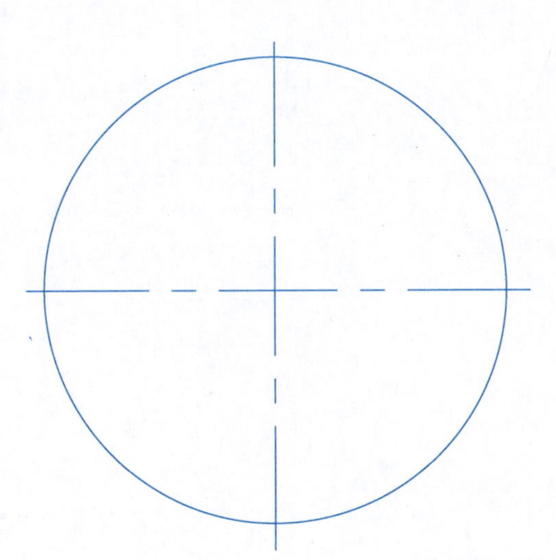

4. 参照例图，用 1∶5 的比例在指定位置画出图形，并注尺寸。

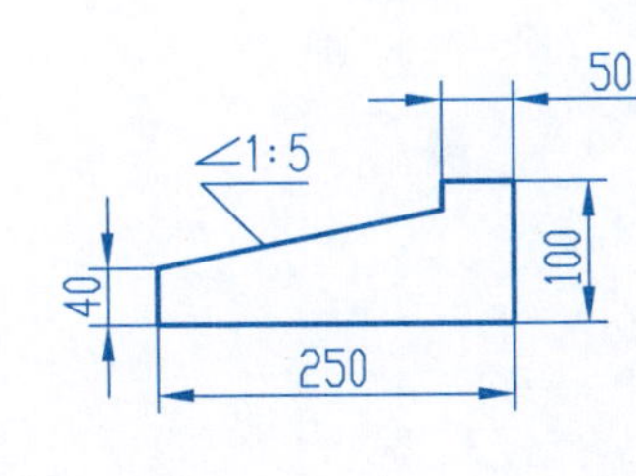

5. 参照例图，用 1∶2 的比例在指定位置画出图形，并注尺寸。

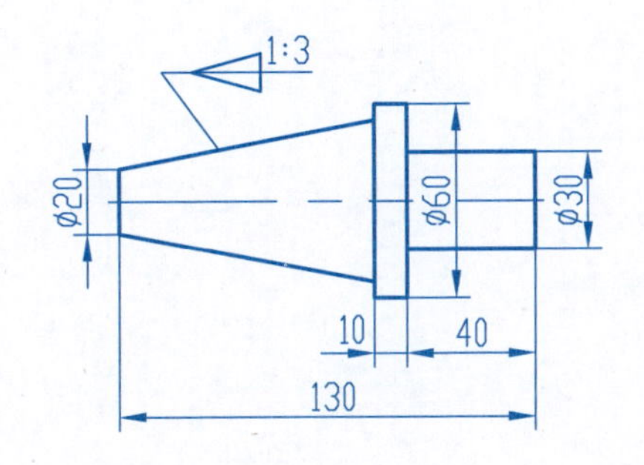

1. 几何图形一

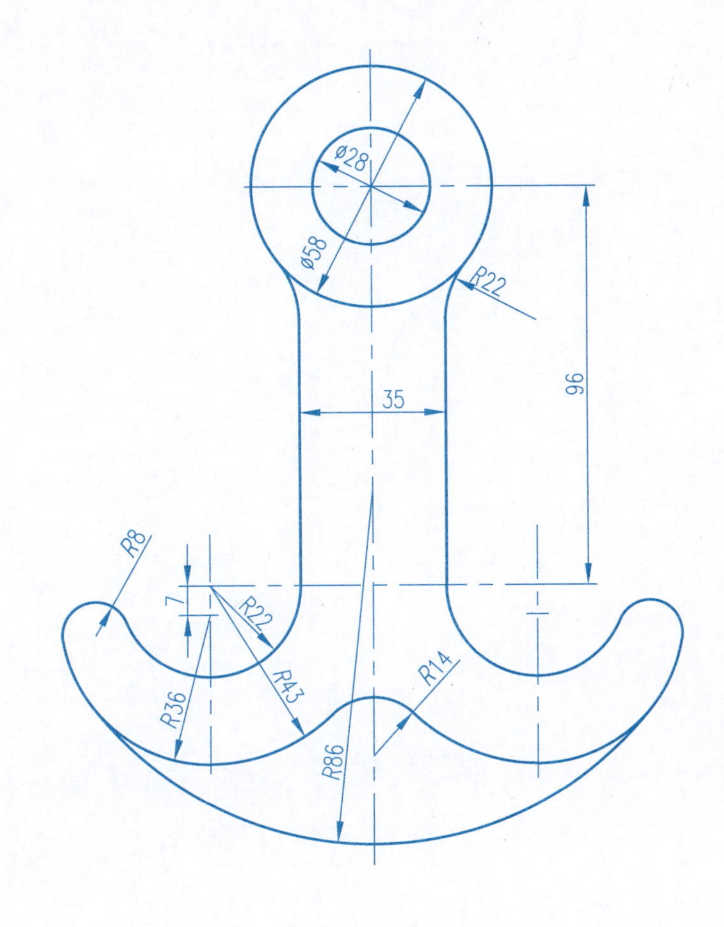

2. 几何图形二

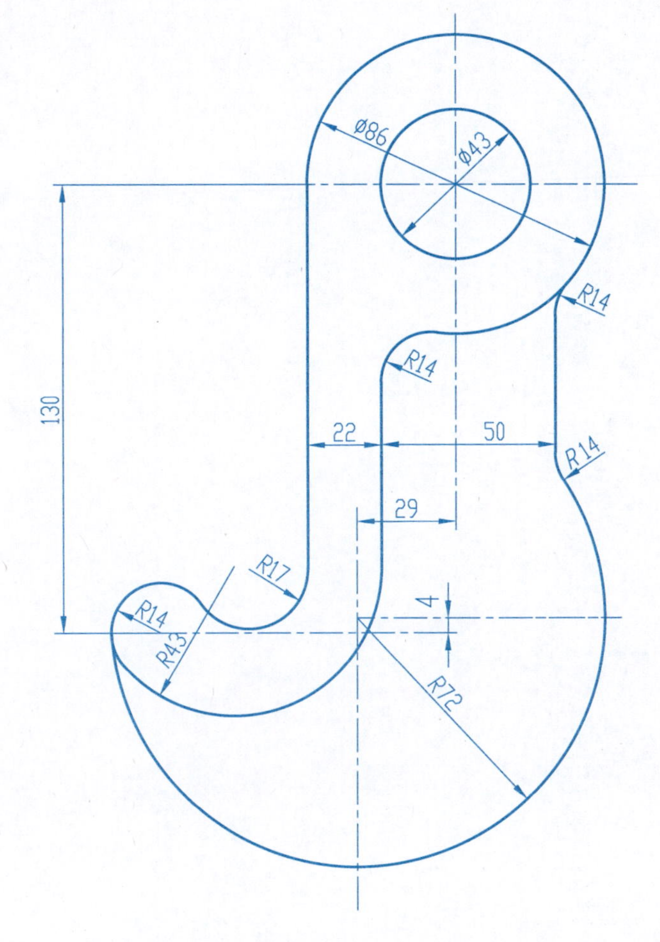

平面图形绘图练习：

1) 图名、图幅和比例

①图名：基本练习；②图幅：A3 图纸；③比例：1∶1。

2) 绘图步骤及注意事项

(1) 绘图步骤

① A4 幅面图纸竖放，固定图纸位置；

② 按尺寸要求，用细线画出所有图线和图形；

③ 检查无误后，加深粗实线，标注尺寸；

④ 填写标题栏有关内容。

(2) 注意事项

① 分析几何图形尺寸，确定作图步骤：画已知线段；画中间线段；画连接线段；连接点(切点)和连接弧中心要轻轻标出，以便描深时用。

② 描深时，先描深圆弧，再描深直线段。

③ 图中汉字均写成长仿宋体，按字体大小打格子书写；图名用 7 号字书写，校名(系名)用 5 号字书写；图中尺寸数字用 3.5 号字书写。

2-1　点、直线的投影	班级　　　姓名　　　学号	5

1. 已知 A、B、C、D 的两面投影，试完成第三面投影。

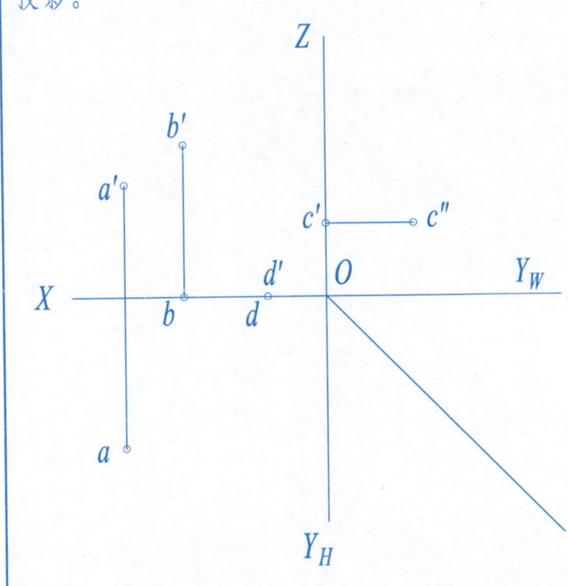

2. 已知点 A 距 V 面 20mm，点 B 距 H 面 15mm，点 C 距 W 面 10mm，试完成三面投影。

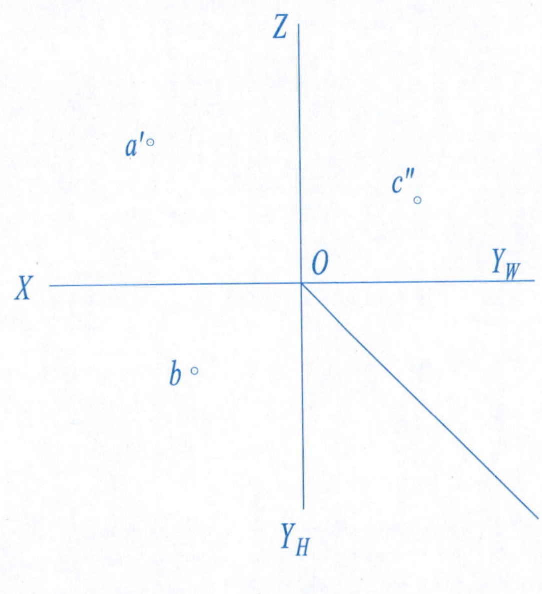

3. 已知点 $A(20,20,15)$、$B(10,15,0)$，画出两点的三面投影，并判断两点的相对位置。

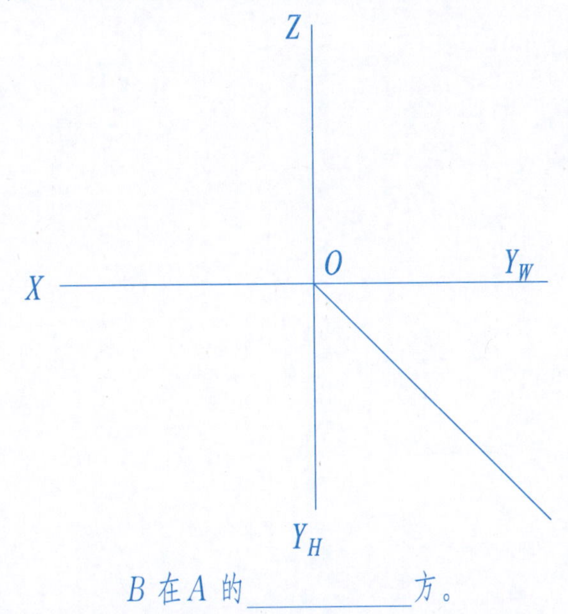

B 在 A 的________方。

4. 已知点 A 的两面投影，点 B、C 分别位于点 A 的正前方和正右方各 10mm 处，试完成点 A、B、C 的三面投影，并判断重影点的可见性。

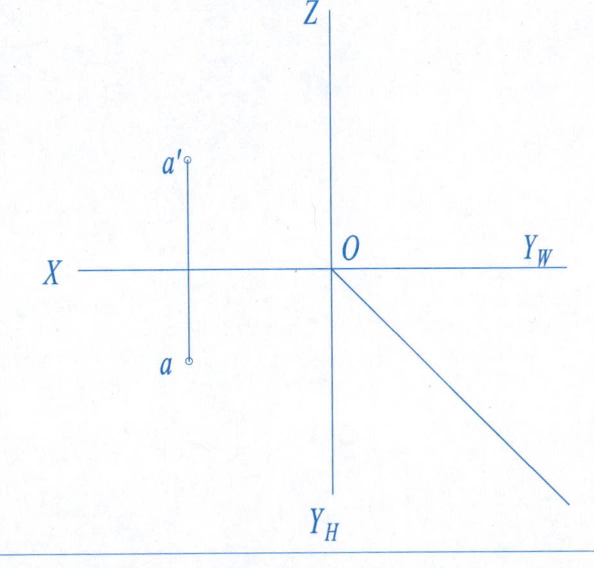

5. 作出下列直线段的第三投影，并根据直线与投影面的相对位置，判别是什么线。

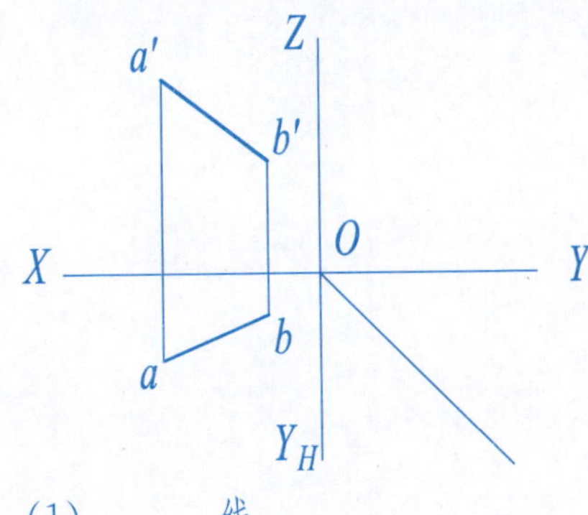

(1) ______线

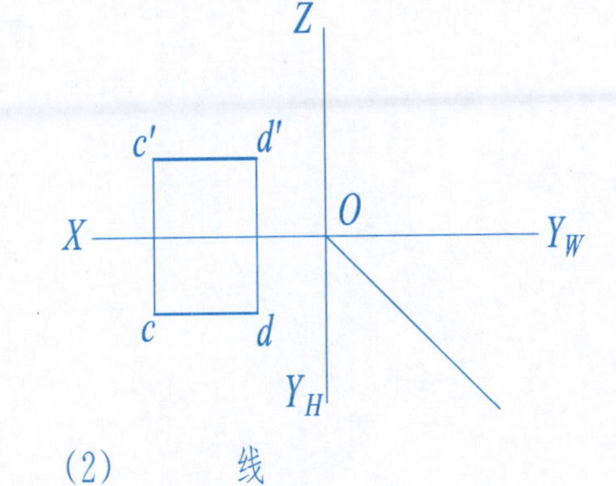

(2) ______线

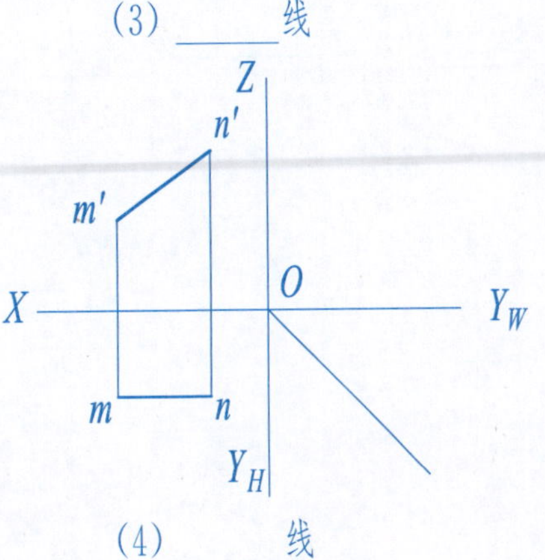

(3) ______线

e'　f'　e"　f"

(4) ______线

6. 已知水平线 AB 在 H 面上方 15mm，求作它的其余两面投影，并在该线段上取一点 K，使 $AK=15$mm。

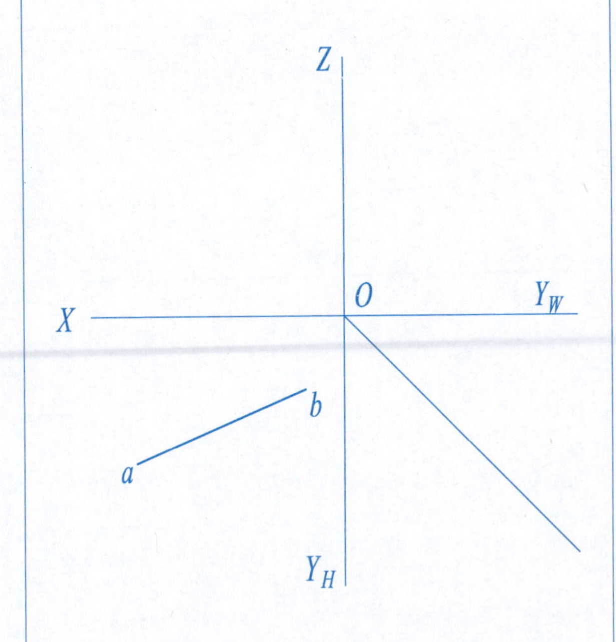

7. 求线段 CD 的侧面投影，并在线段上取一点 K，使 $CK=15$mm。

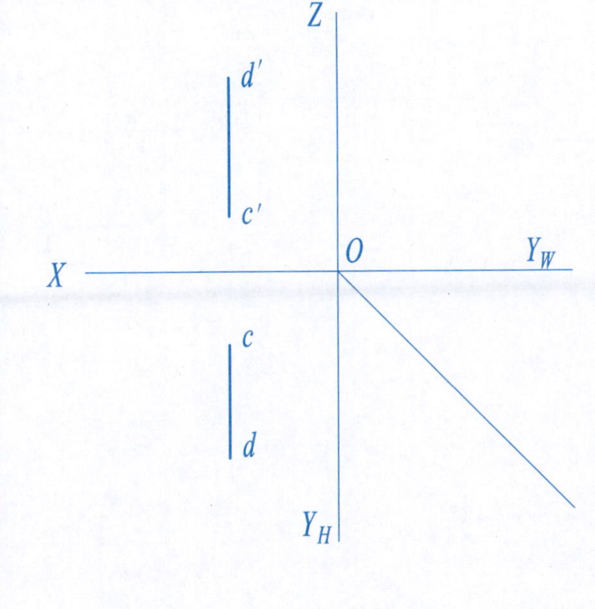

1. 已知直线 MN 及点 K 的投影，判断点 K 是否在直线 MN 上。

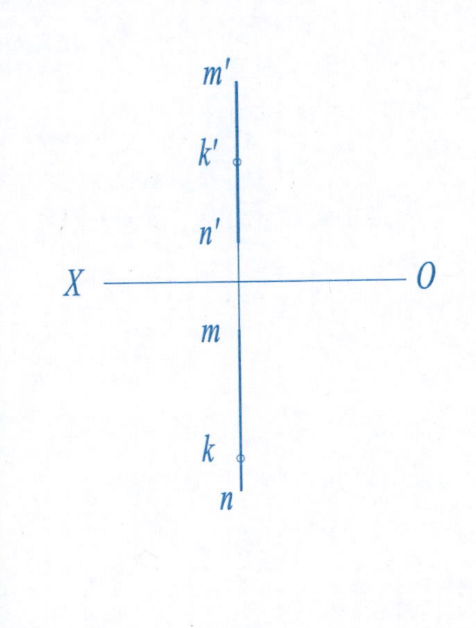

______

2. 过点 A 作正平线 AB，使其倾角 $\alpha=30°$，$AB=30\text{mm}$，点 B 在点 A 的右上方，试作出 AB 的两面投影。

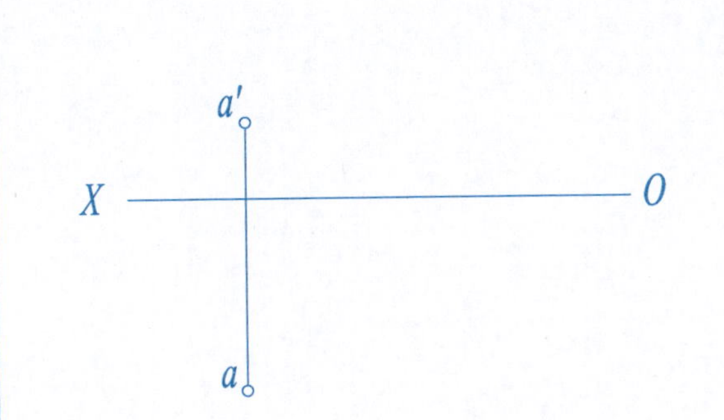

3. 判别两直线的相对位置。

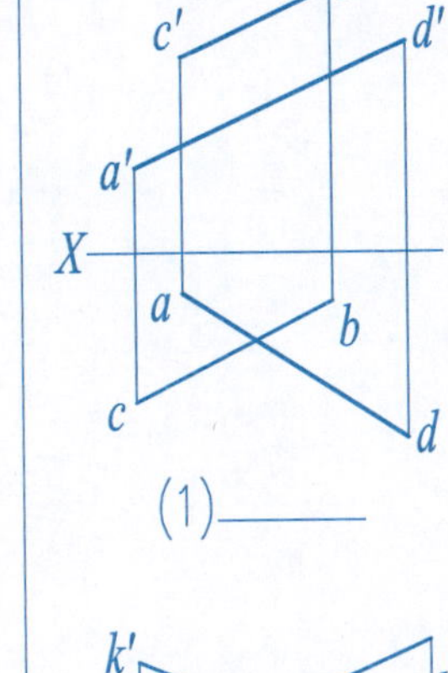

(1)______

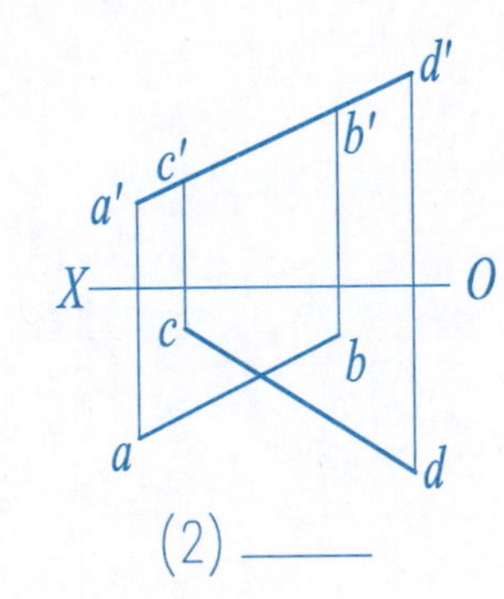

(2)______

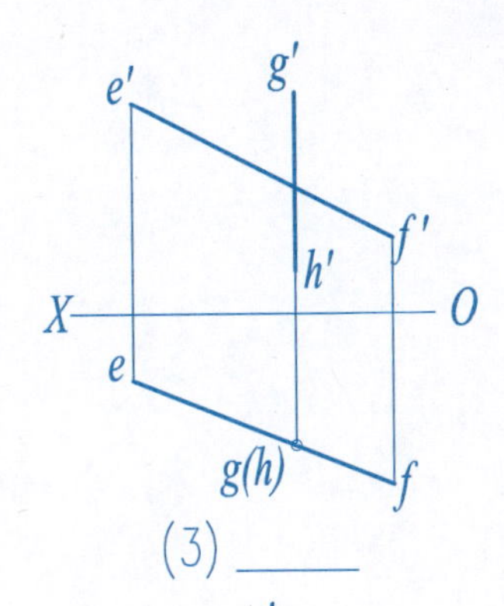

(3)______

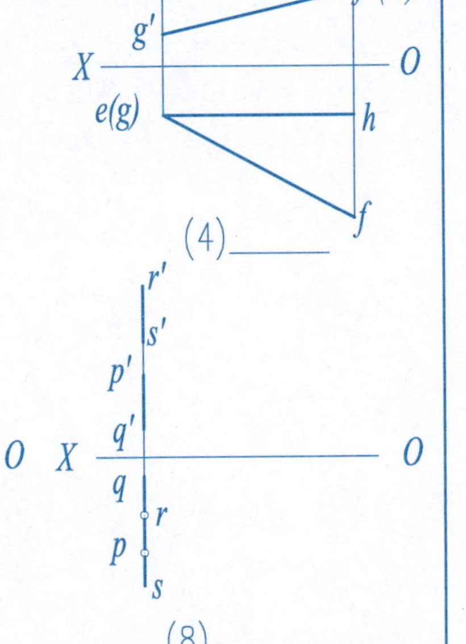

(4)______

(5)______

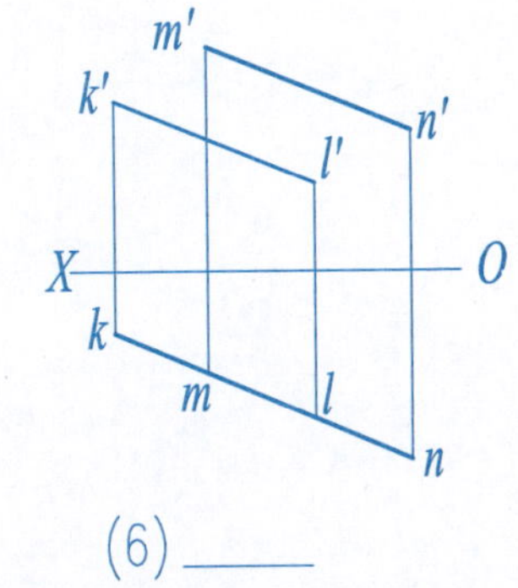
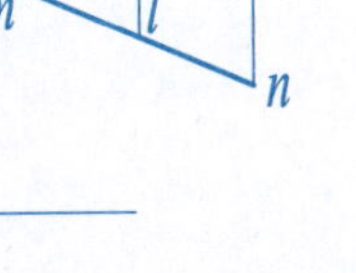

(6)______

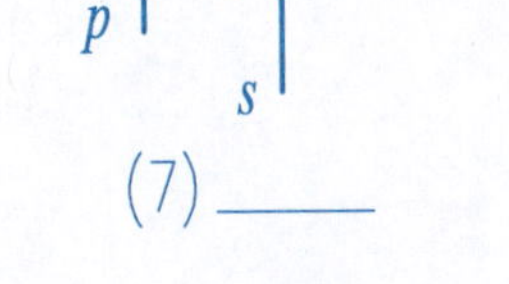

(7)______

(8)______

4. 过点 E 作直线 EF，使其与已知两直线 AB、CD 都相交。

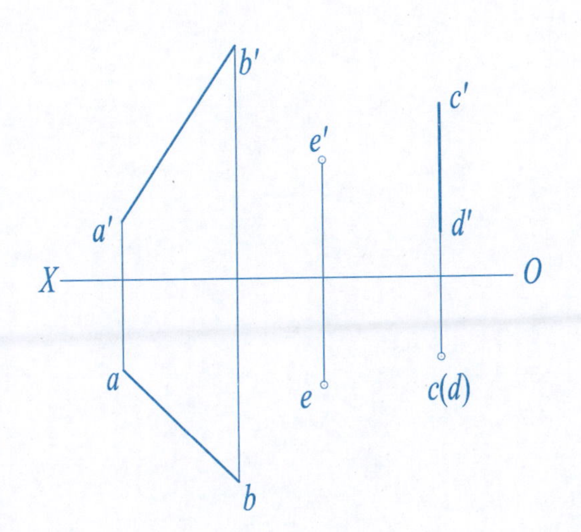

5. 已知直线 AB 与 CD 相交，且 AB 为水平线，求作 $a'b'$。

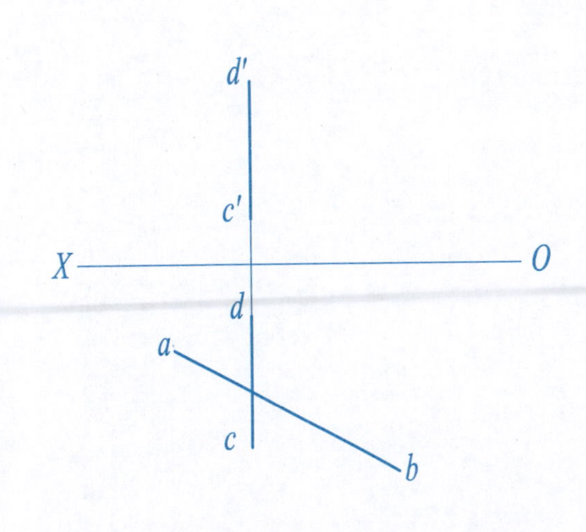

6. 作一直线与两已知直线 AB、CD 相交，并平行于直线 EF。

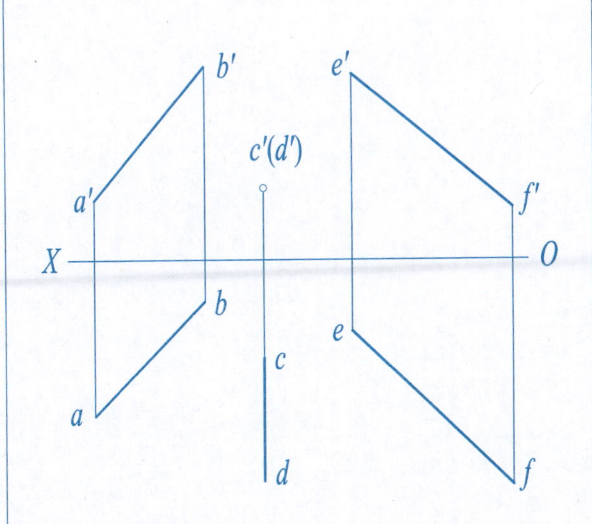

7. 已知直线 AB、CD 垂直相交于点 B，求作 AB 的两面投影。

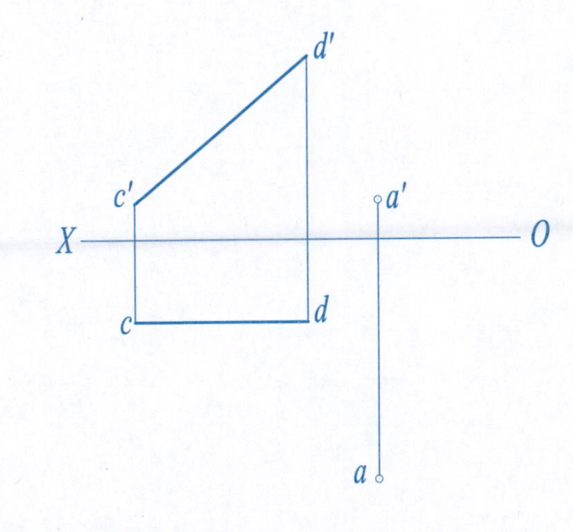

1. 根据平面图形的两个投影，求作它的第三面投影，并判别平面与投影面的相对位置。

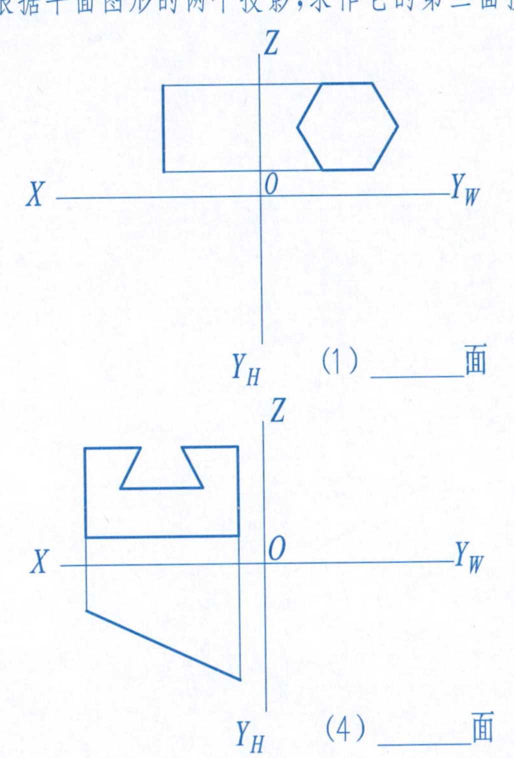

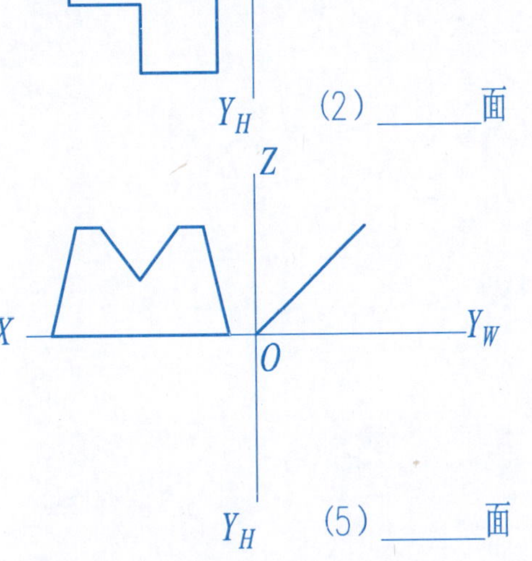

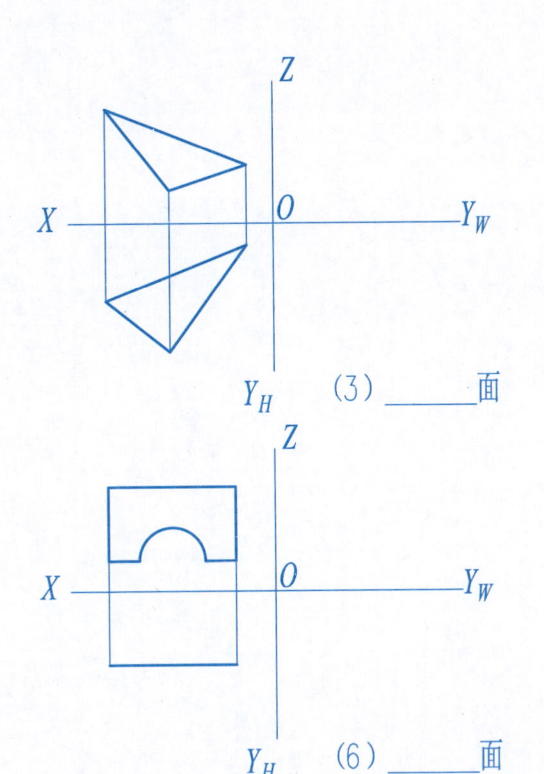

(1) ______面　(2) ______面　(3) ______面

(4) ______面　(5) ______面　(6) ______面

2. 以直线 AB 为边长作正方形 $ABCD$，使正方形 $ABCD$ 垂直于 H 面。

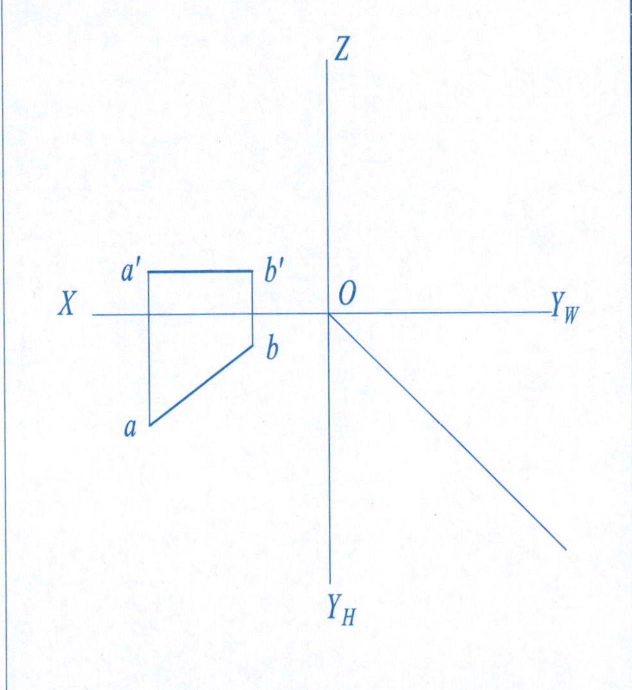

3. 以直线 AB 为一边任作一个$\triangle ABC$，使其垂直于 V 面。

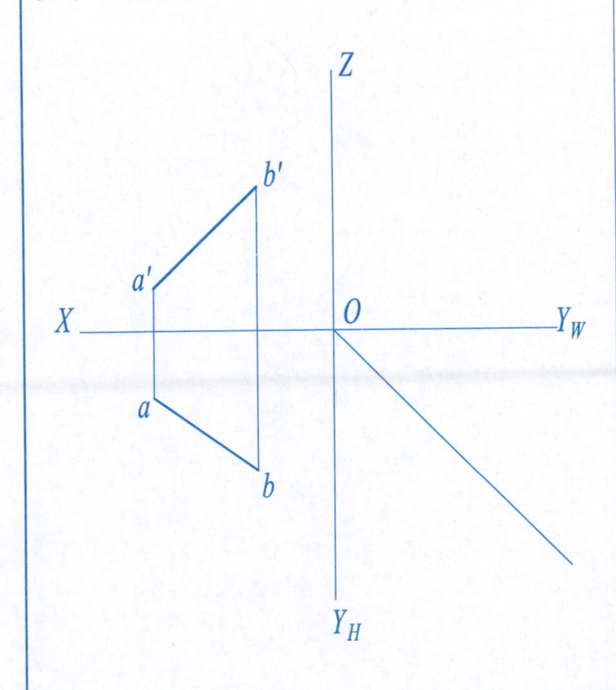

4. 已知点 K 在平面 $ABCD$ 内，求点 K 的另一面投影。

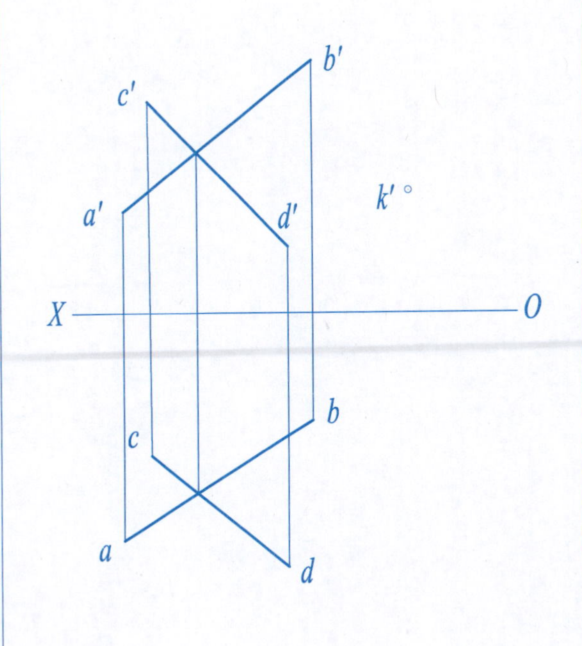

5. 已知正方形 $ABCD$ 的边 BC 是水平线，且已知 AB 的水平投影，完成正方形的两面投影。

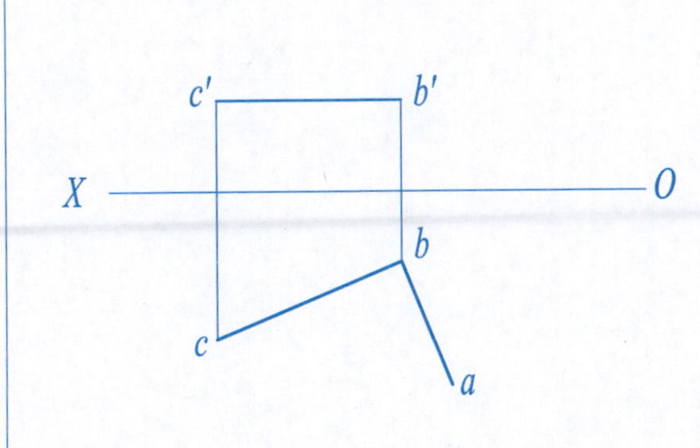

6. 求作等腰$\triangle ABC$ 的水平投影，AB 为其底边。

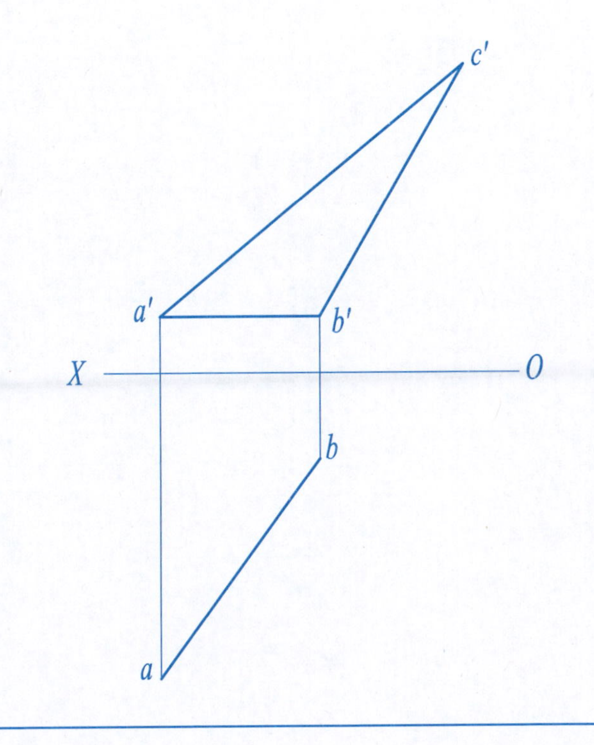

1. 判别点 K 是否属于给定平面。

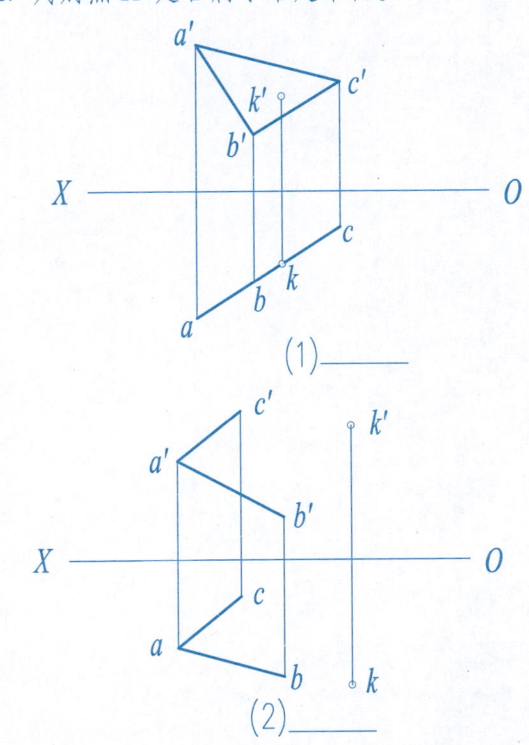

2. 判别直线 AK 是否属于给定平面。

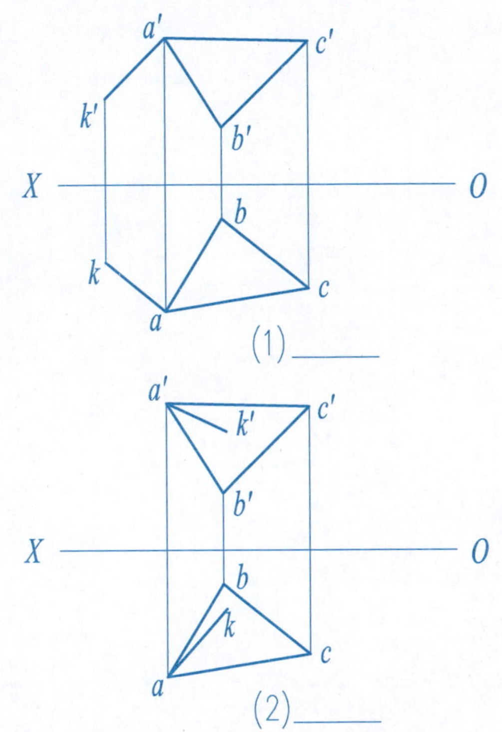

3. 判别三条相交直线 AB、CD 和 EF 是否共面。

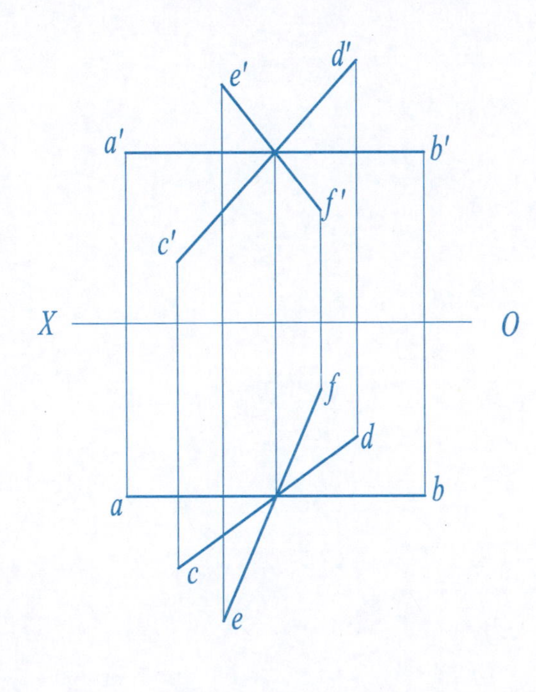

4. 过点 A 和点 C 分别作属于平面△ABC 的正平线 AD、水平线 CE。

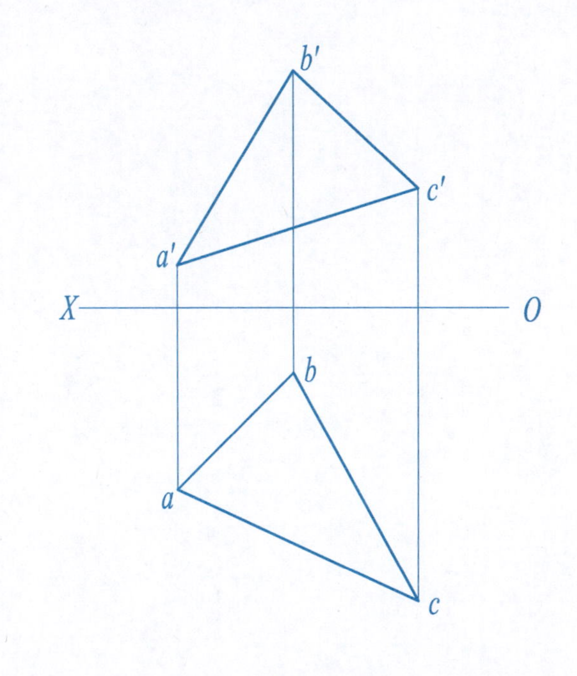

5. 在△ABC 内作一条对 V 面的最大斜度线，并求 BC 边中线的实长。

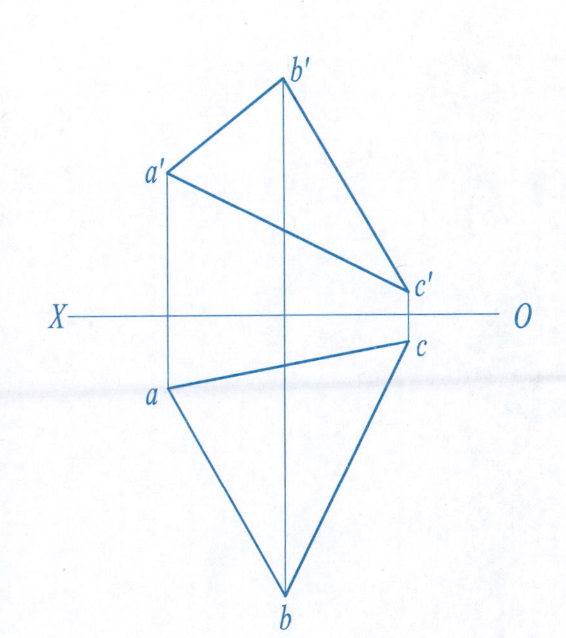

6. 已知直线在平面 $ABCD$ 内，作出直线的水平投影。

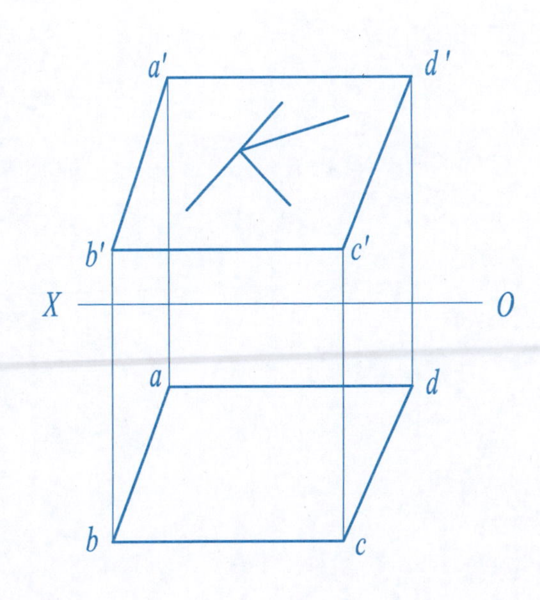

7. 试完成平面图形 $ABCDE$ 的水平投影。

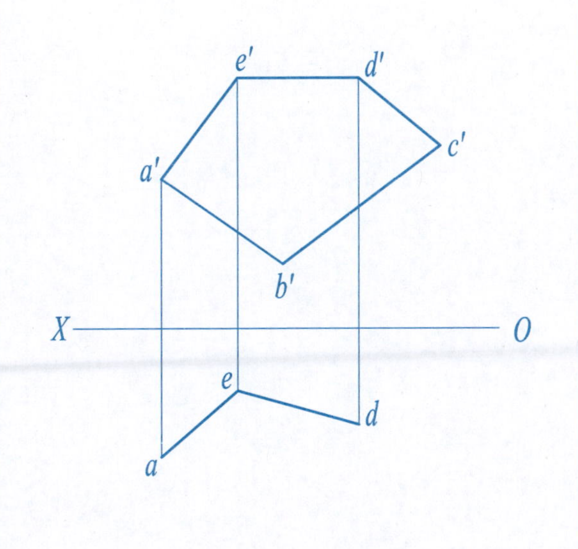

8. 求相交两直线 AB 和 AC 确定的平面对 H 面的倾角。

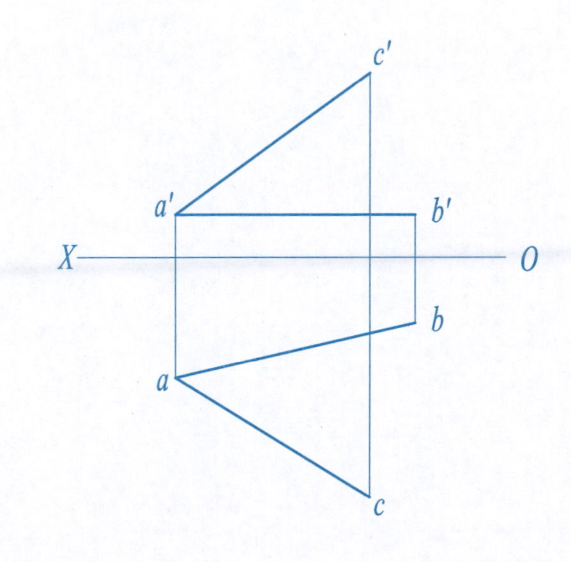

1. 用换面法求线段 AB 的实长及对 H 面、V 面的夹角 α、β。

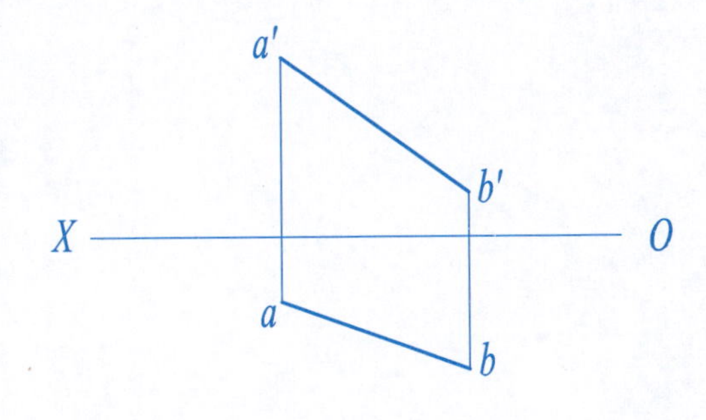

2. 已知线段 AB 对 H 面的倾角 $\alpha=30°$，用换面法求其正面投影，本题有几解？请画出。

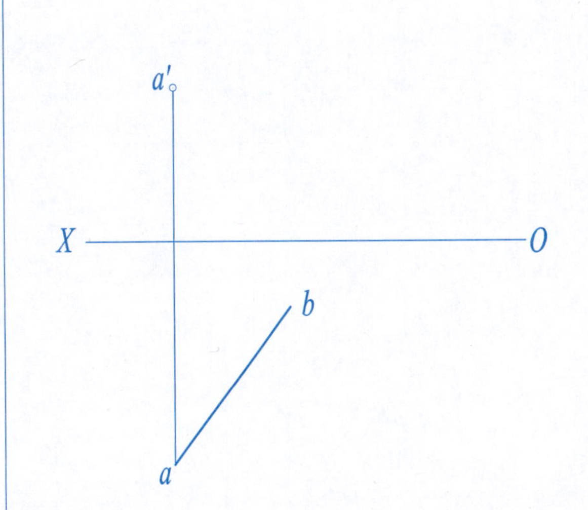

3. 已知以 BC 为底的等腰△ABC，点 C 在直线 BM 上，完成其投影图。

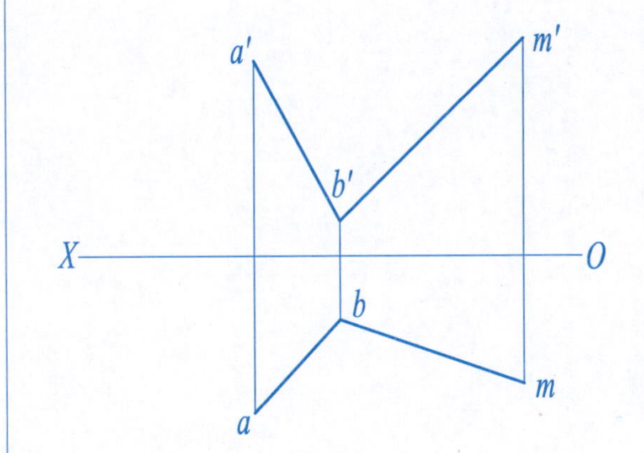

4. 已知菱形 $ABCD$ 的对角线 BD 的两面投影，并知一个顶点 A 在直线 EF 上，求此菱形的投影图。

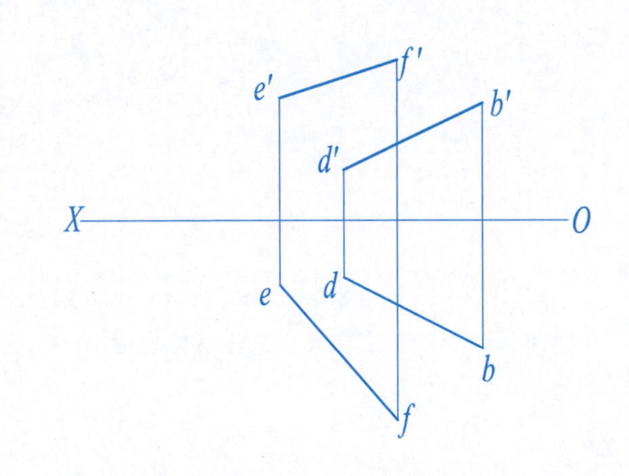

5. 已知两平行直线 AB、CD 的距离为 10mm，补全它们的正面投影。

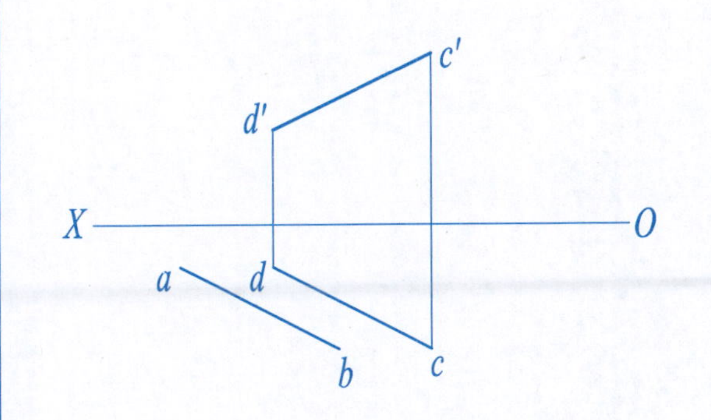

6. 求两交叉直线 AB、CD 的公垂线 KL 在 V、H 面上的投影。

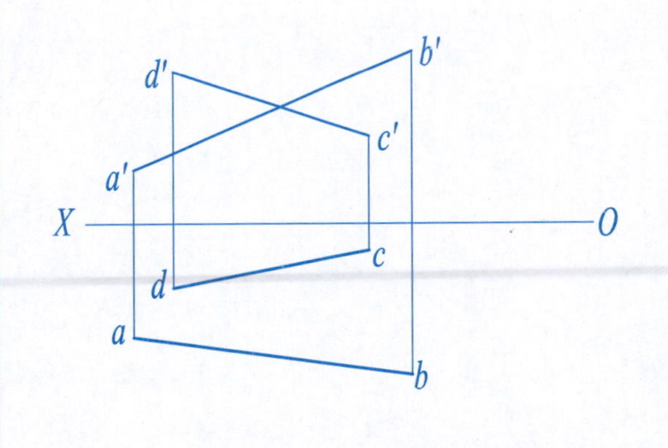

7. 求点 A 到直线 CD 的距离。

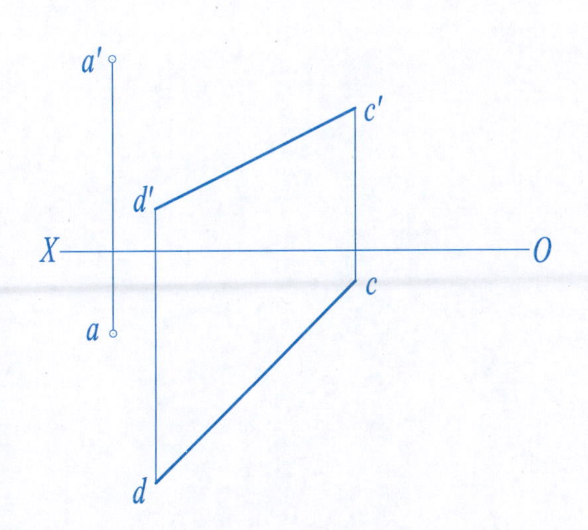

8. 过直线 AB 上的点 B 作一直线垂直于 AB，并与 CD 相交。

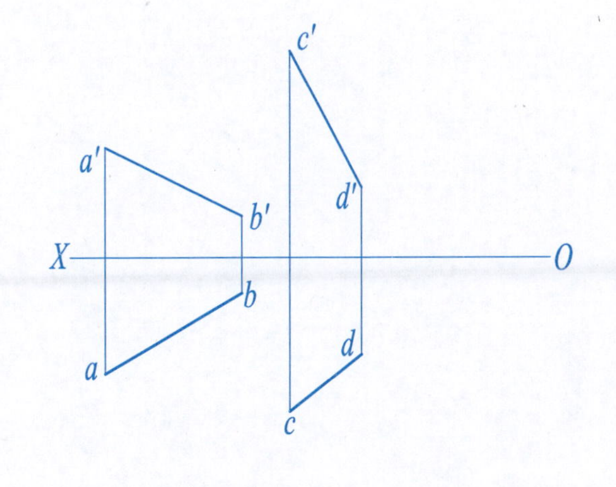

1. 求平面△ABC对水平投影面的倾角α。

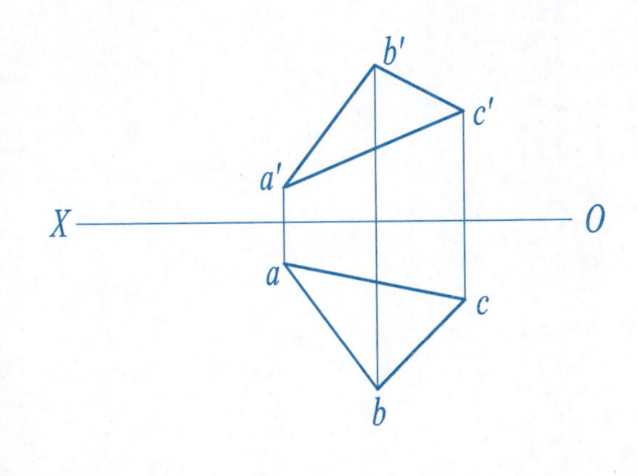

2. 用换面法求△ABC的实形。

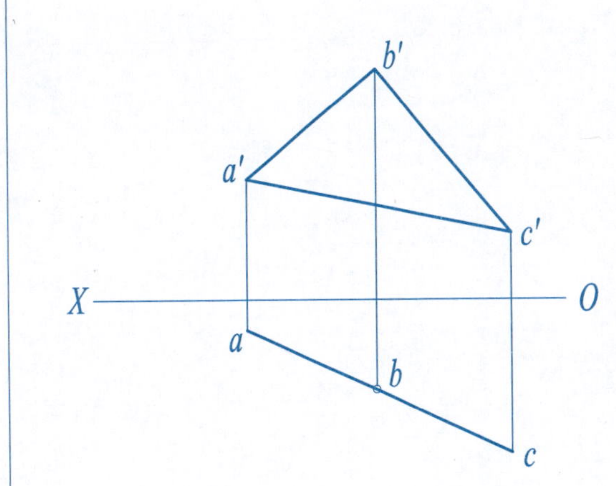

3. 已知△ABC的水平投影积聚为一线段，且∠B为60°，求△ABC的正面投影。

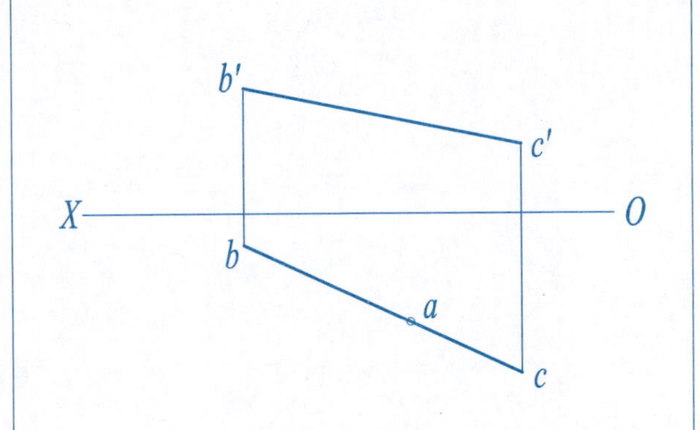

4. 已知点K到△ABC平面的距离为10mm，求点K的水平投影。

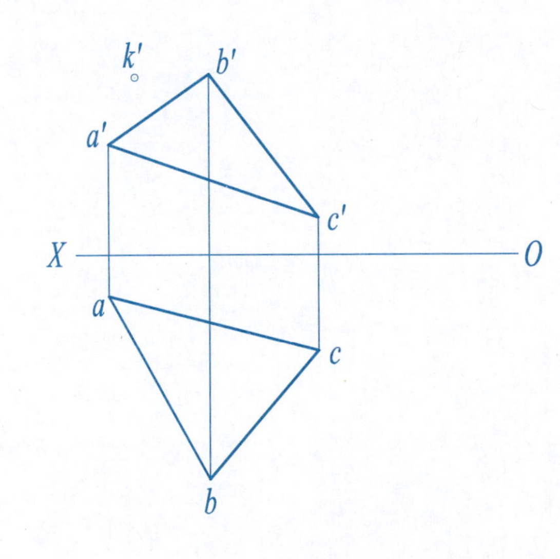

5. 已知△ABC平面到点K的距离为15mm，求△ABC的正面投影。

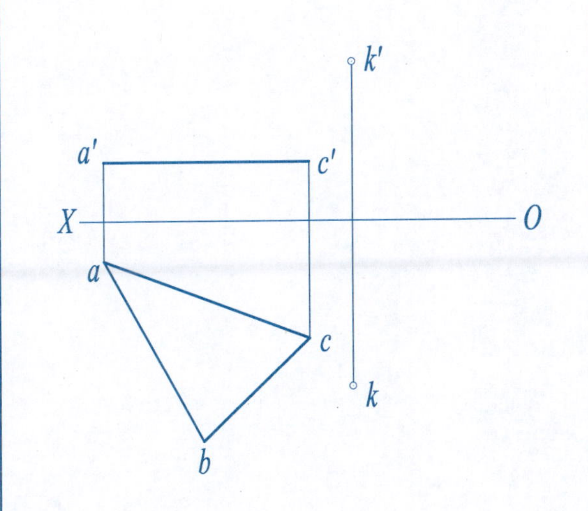

6. 已知△ABD与△BCD有公共边BD，用换面法求它们之间的夹角。

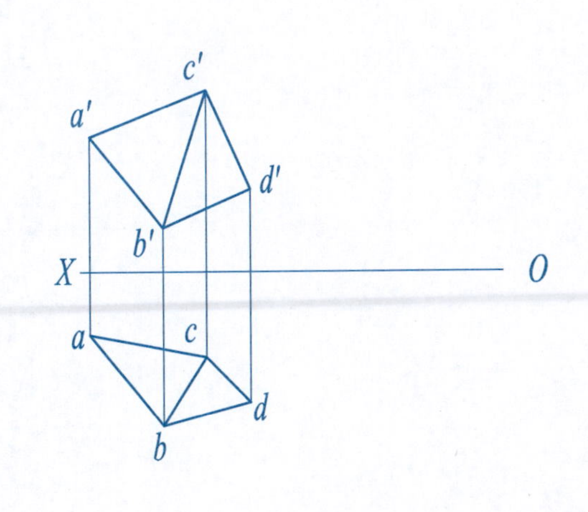

7. 在直线MN上求点K，使点K与△ABC平面的距离为10mm，求出所有的解。

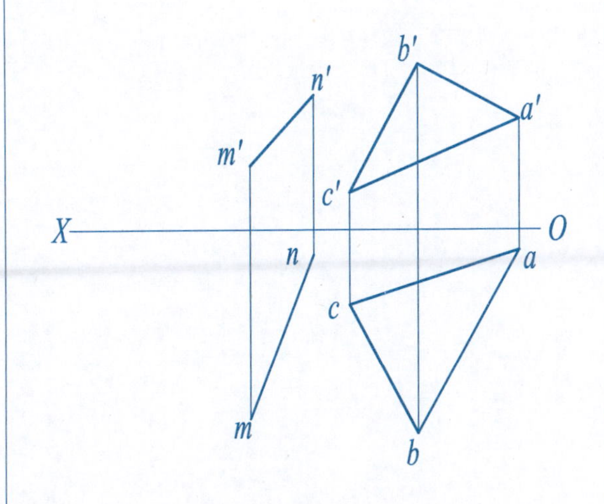

8. 用换面法补全以AB为底边的等腰△ABC的水平投影。

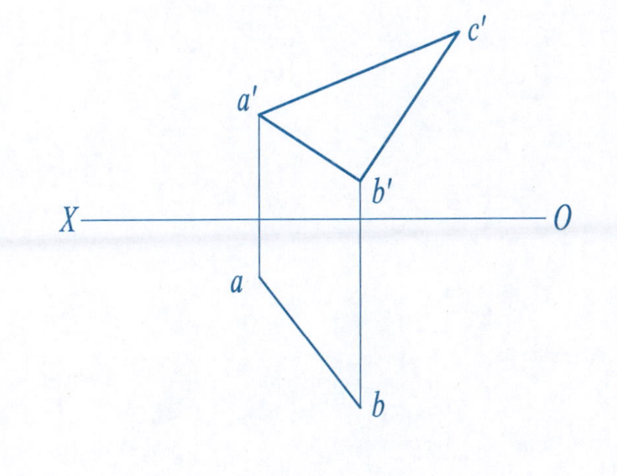

第3章　立体及其表面交线

3-1　平面立体及其表面上的点和线的投影

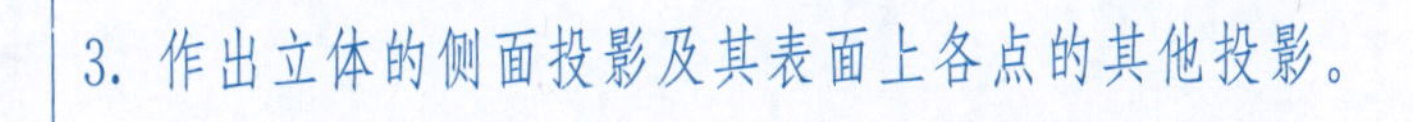

1. 作出立体表面上点的投影。

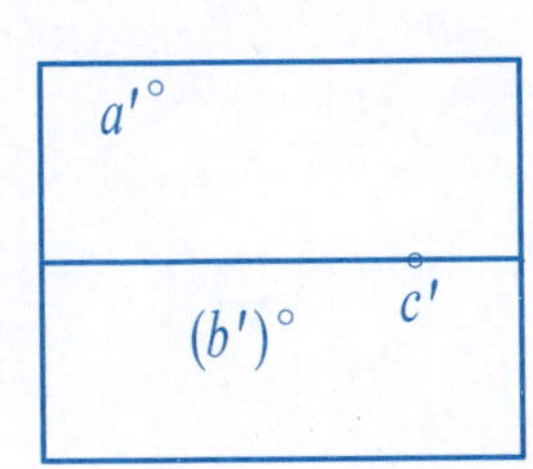

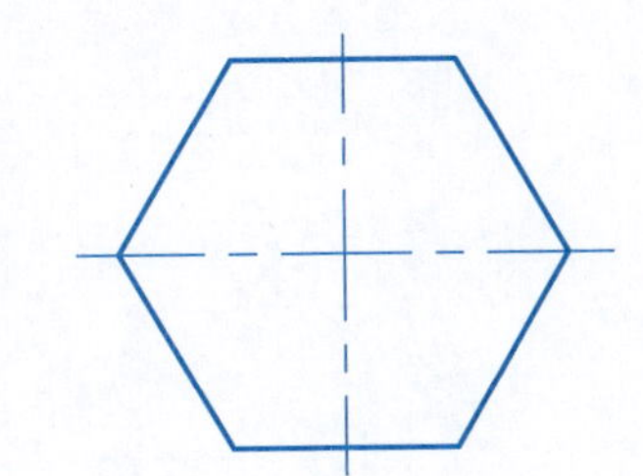

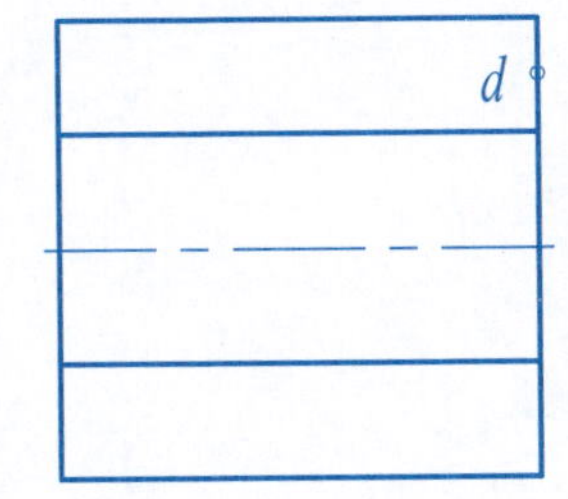

2. 作出立体表面上点的投影。

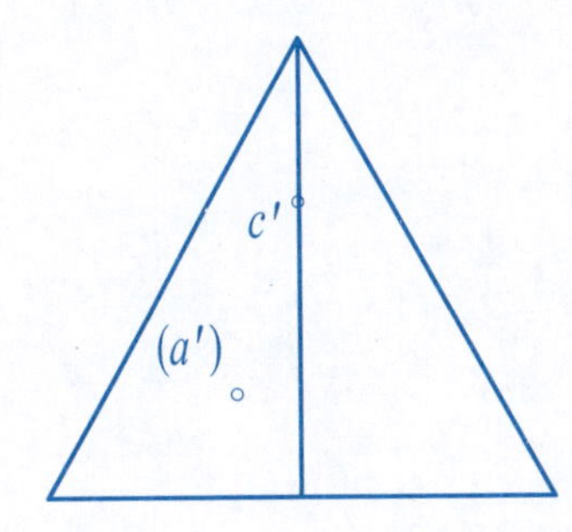

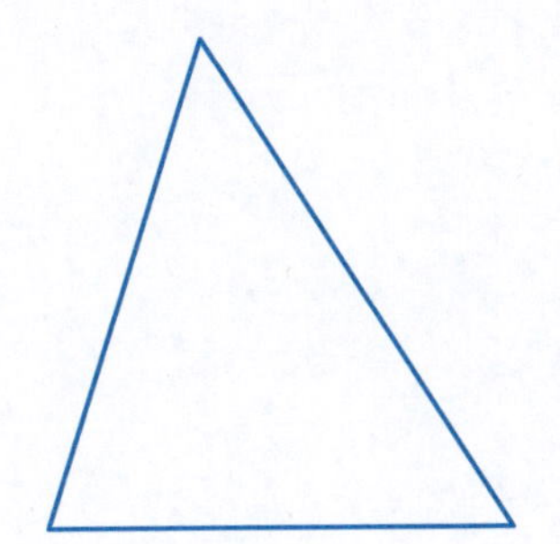

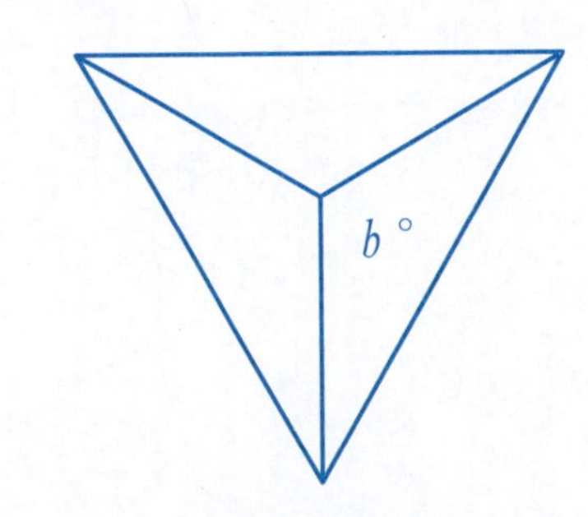

3. 作出立体的侧面投影及其表面上各点的其他投影。

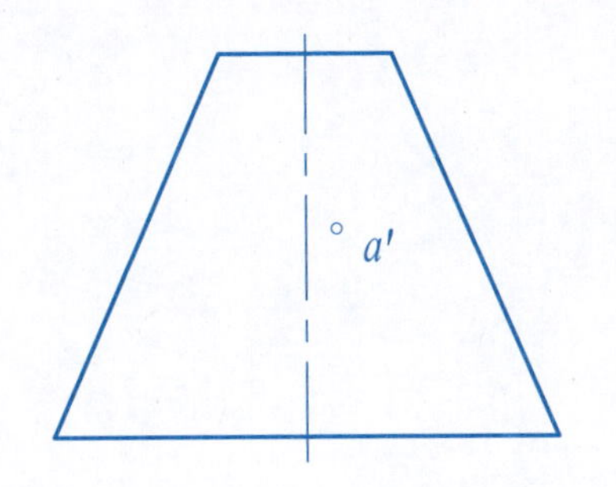

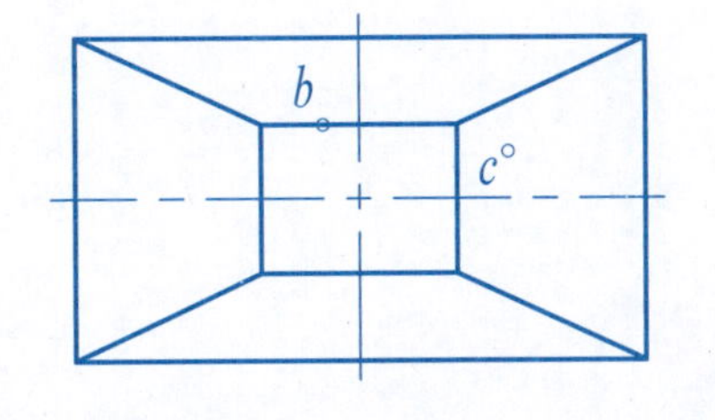

4. 作出五棱柱的水平投影，并作出属于棱柱表面的线段的其他投影。

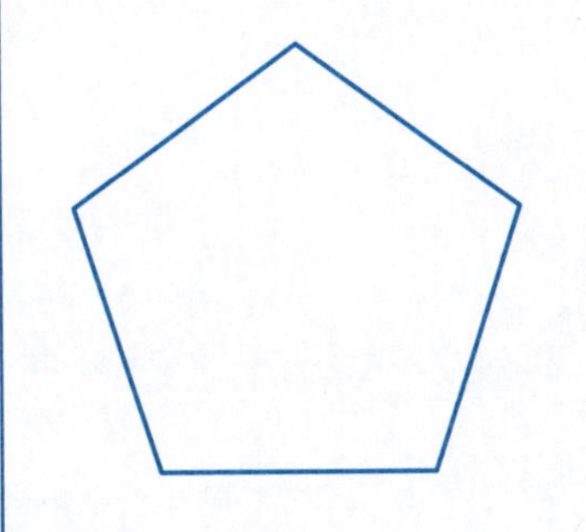

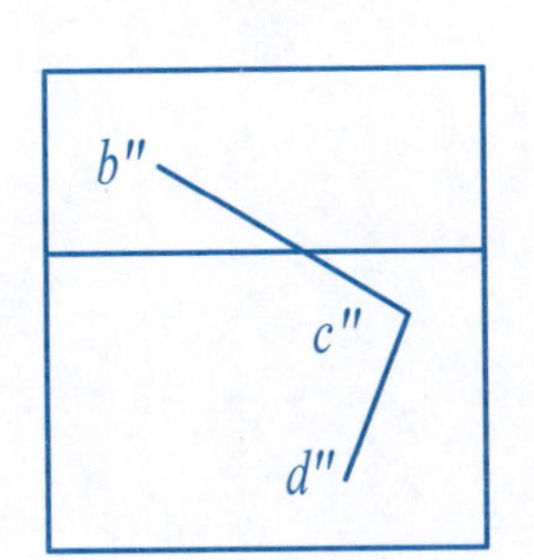

5. 作出立体的侧面投影，并作出属于立体表面的线段的其他投影。

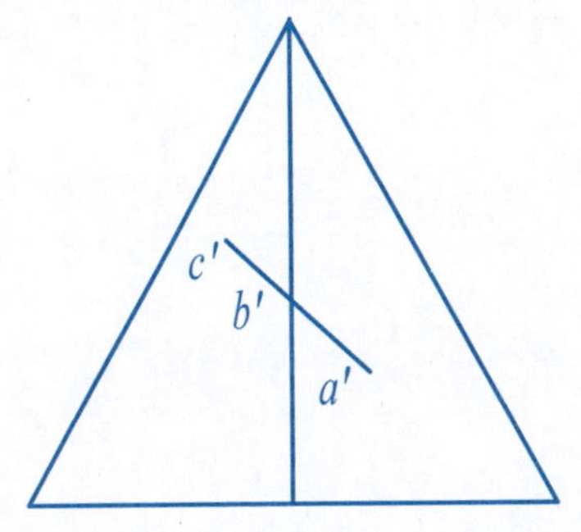

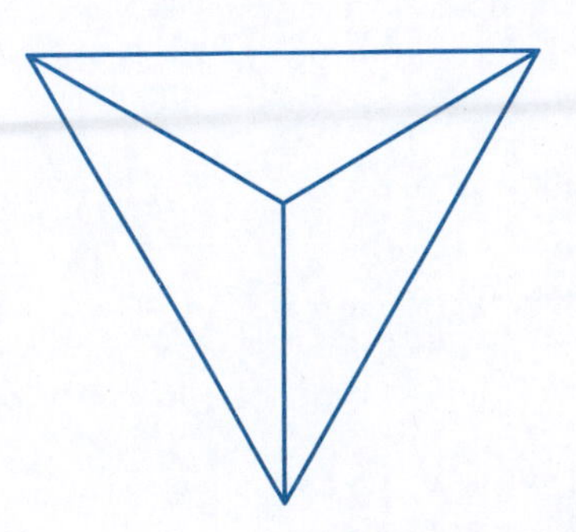

6. 作出六棱台的侧面投影，并作出属于棱台表面的线段 AB、BC 和 CD 的其他投影。

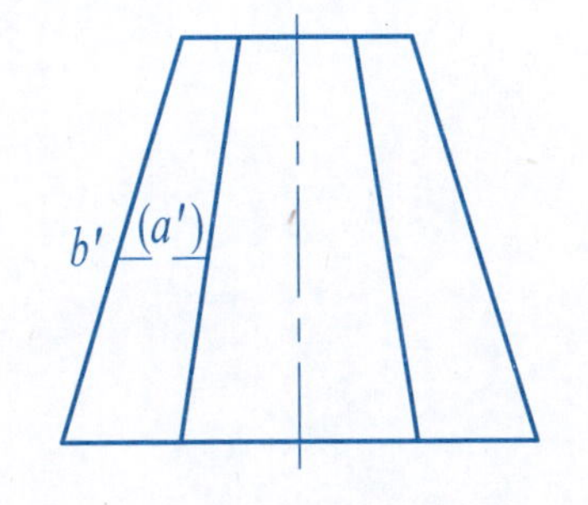

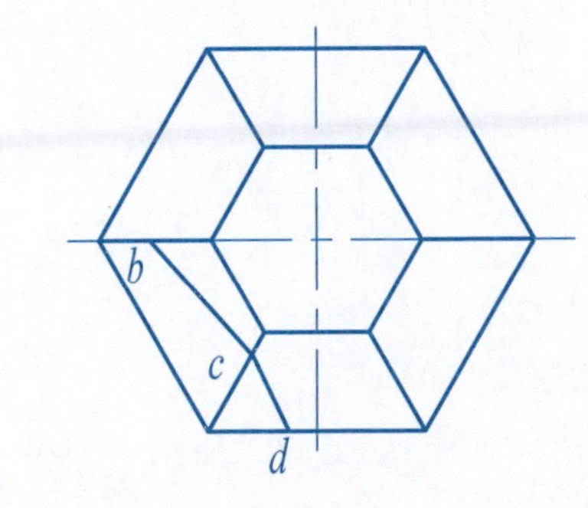

1. 求圆柱表面上点 A、B、C 和 D 的另外两个投影。

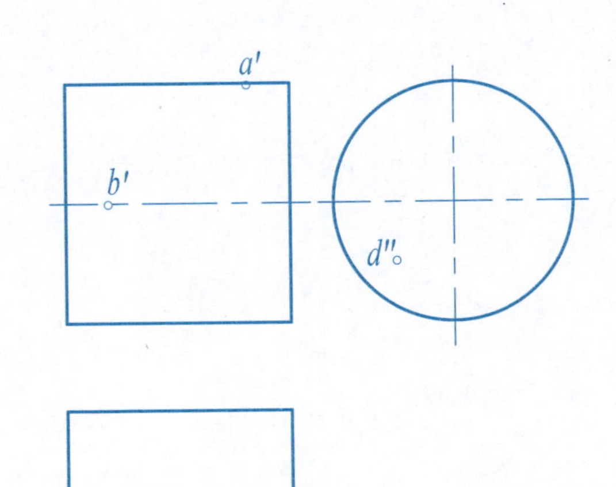

2. 画出半圆柱的水平投影，并作出圆柱面上图线 AB 和 CD 的其他投影。

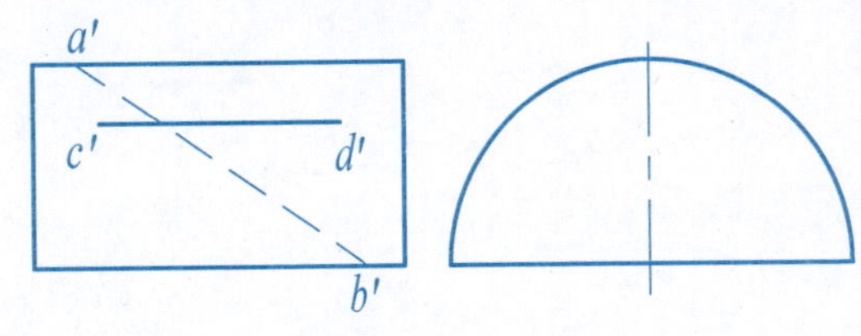

3. 求圆锥表面上点 A、B 和 C 的另外两个投影。

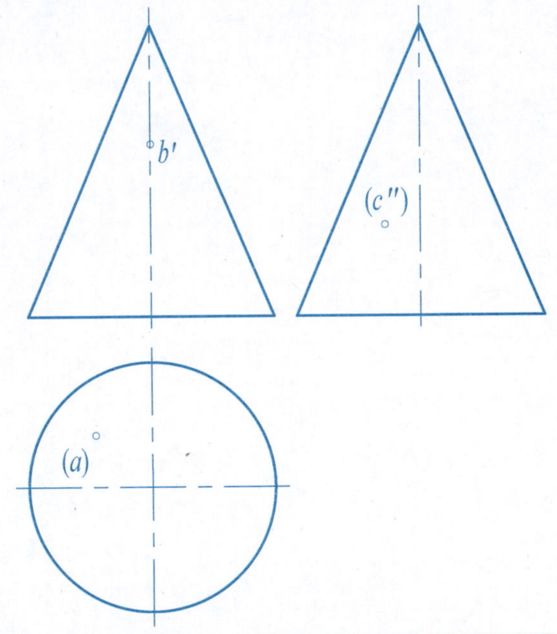

4. 补全圆台的投影，并求表面上的线 EF、FG 的另外两个投影。

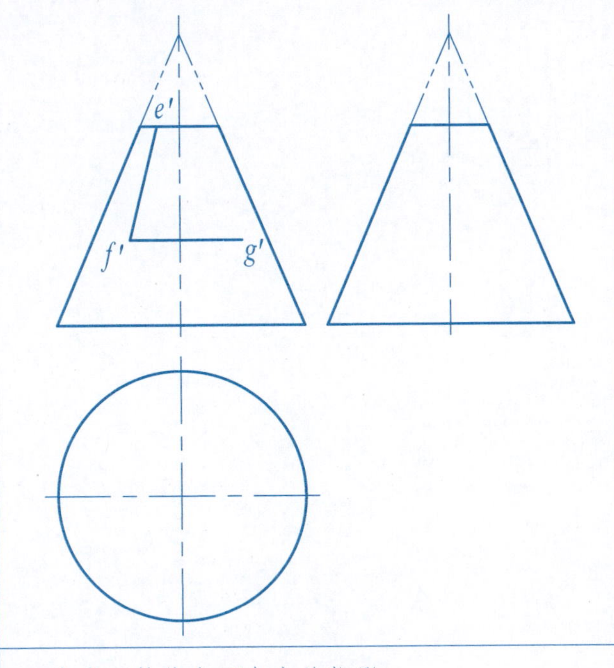

5. 求球表面上点 A、B、C 和 D 的另外两个投影。

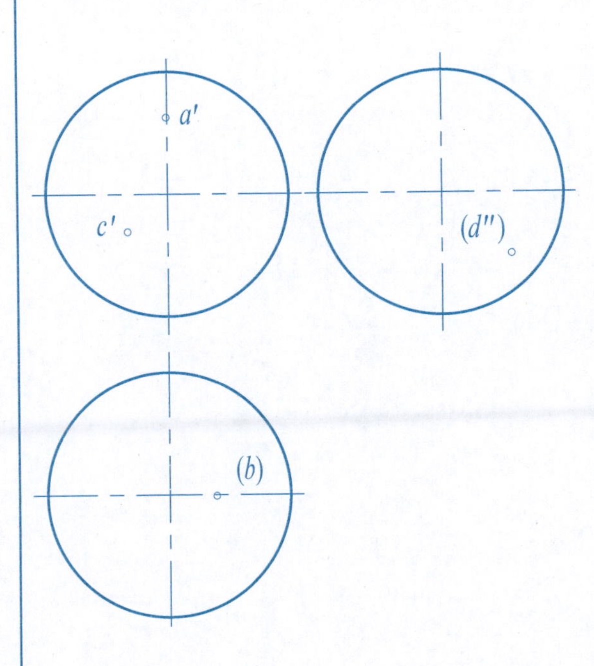

6. 求出球面上曲线 AB 和 CD 的另外两个投影。

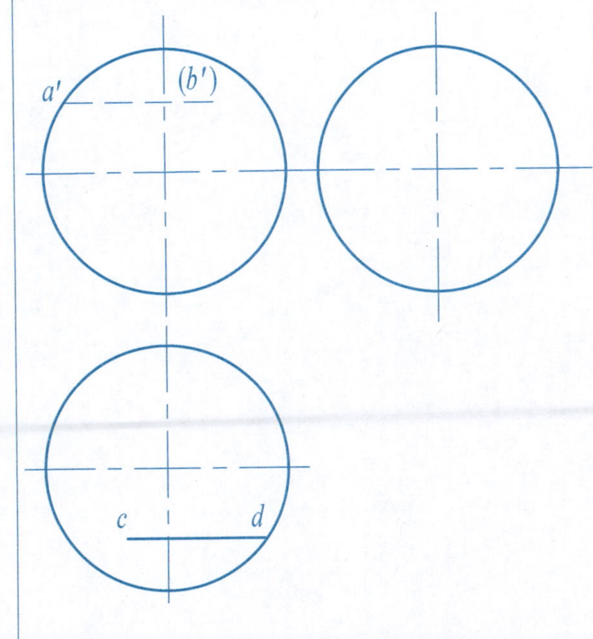

7. 作出圆环体表面上诸点的水平投影。

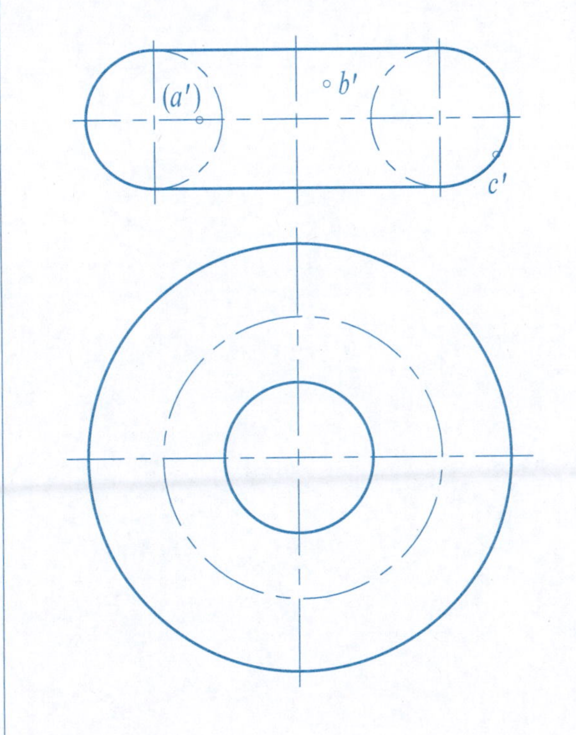

8. 完成回转体表面各点的投影。

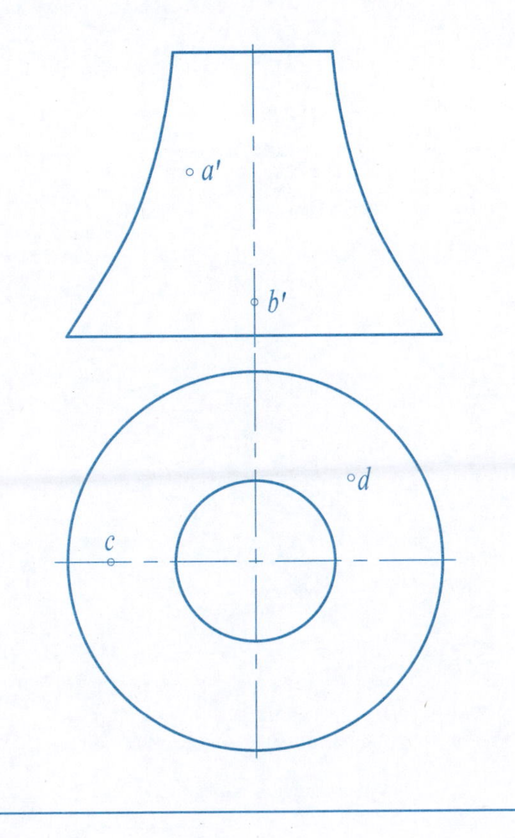

1. 作立体的侧面投影。

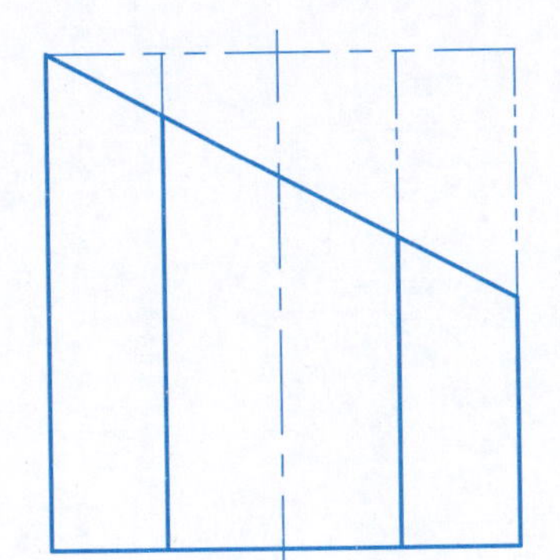

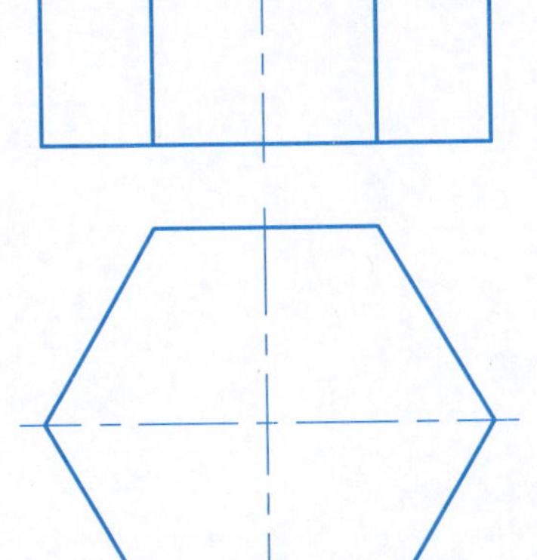

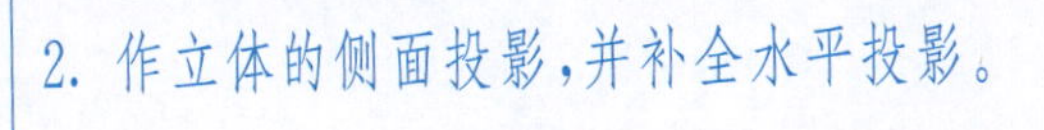

2. 作立体的侧面投影,并补全水平投影。

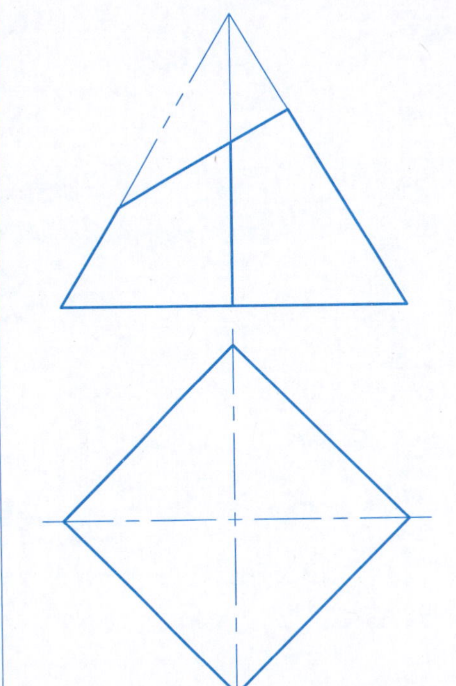

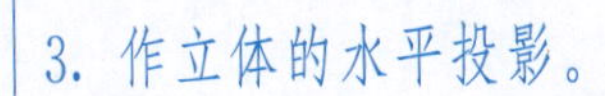

3. 作立体的水平投影。

4. 作立体的侧面投影,并补全水平投影。

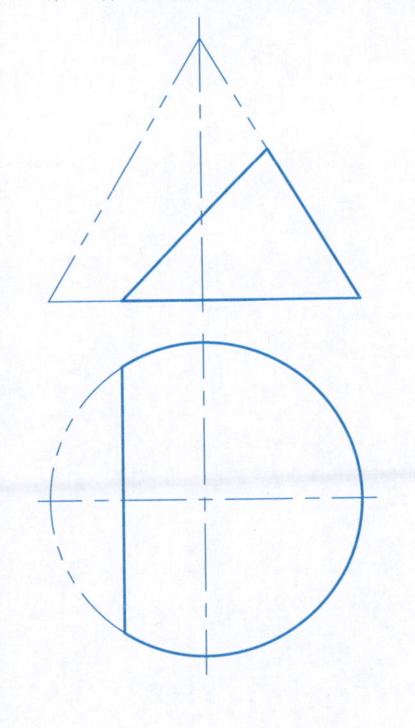

5. 作平面 P 与球的交线的投影。

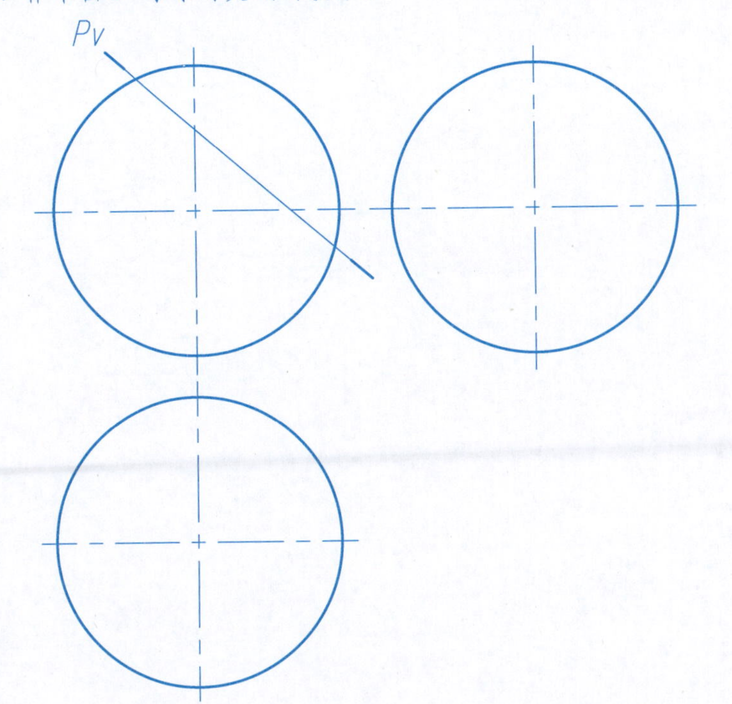

6. 作平面 P 与回转体表面的交线。

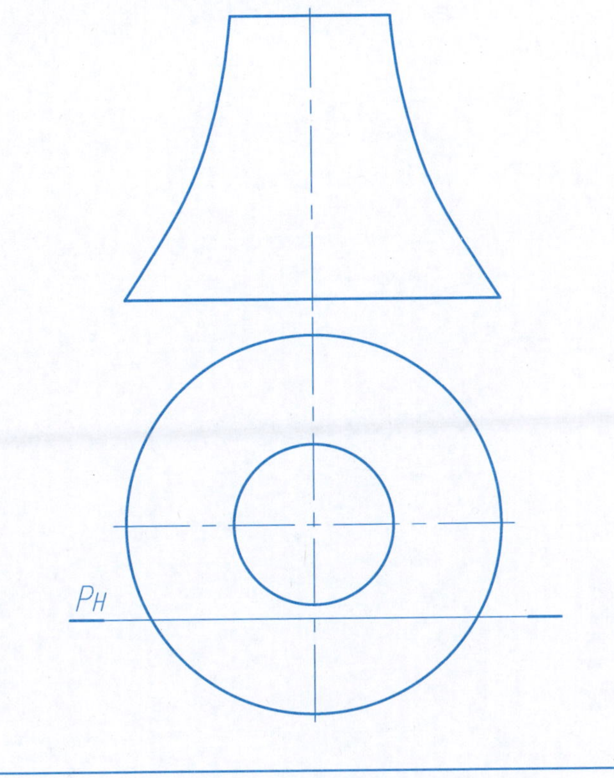

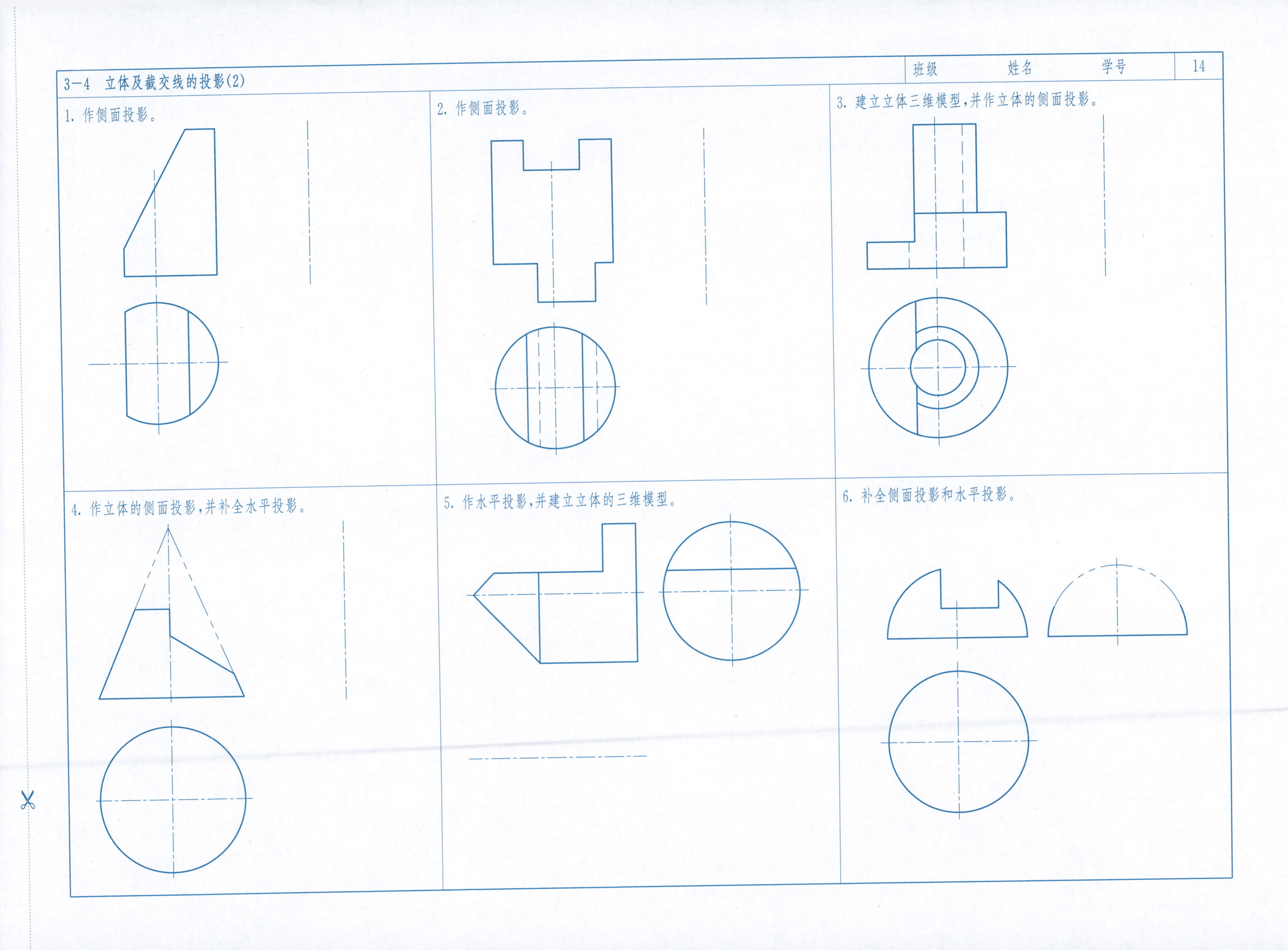
3-4 立体及截交线的投影(2)
班级
姓名
学号
14
1. 作侧面投影。
2. 作侧面投影。
3. 建立立体三维模型,并作立体的侧面投影。
4. 作立体的侧面投影,并补全水平投影。
5. 作水平投影,并建立立体的三维模型。
6. 补全侧面投影和水平投影。

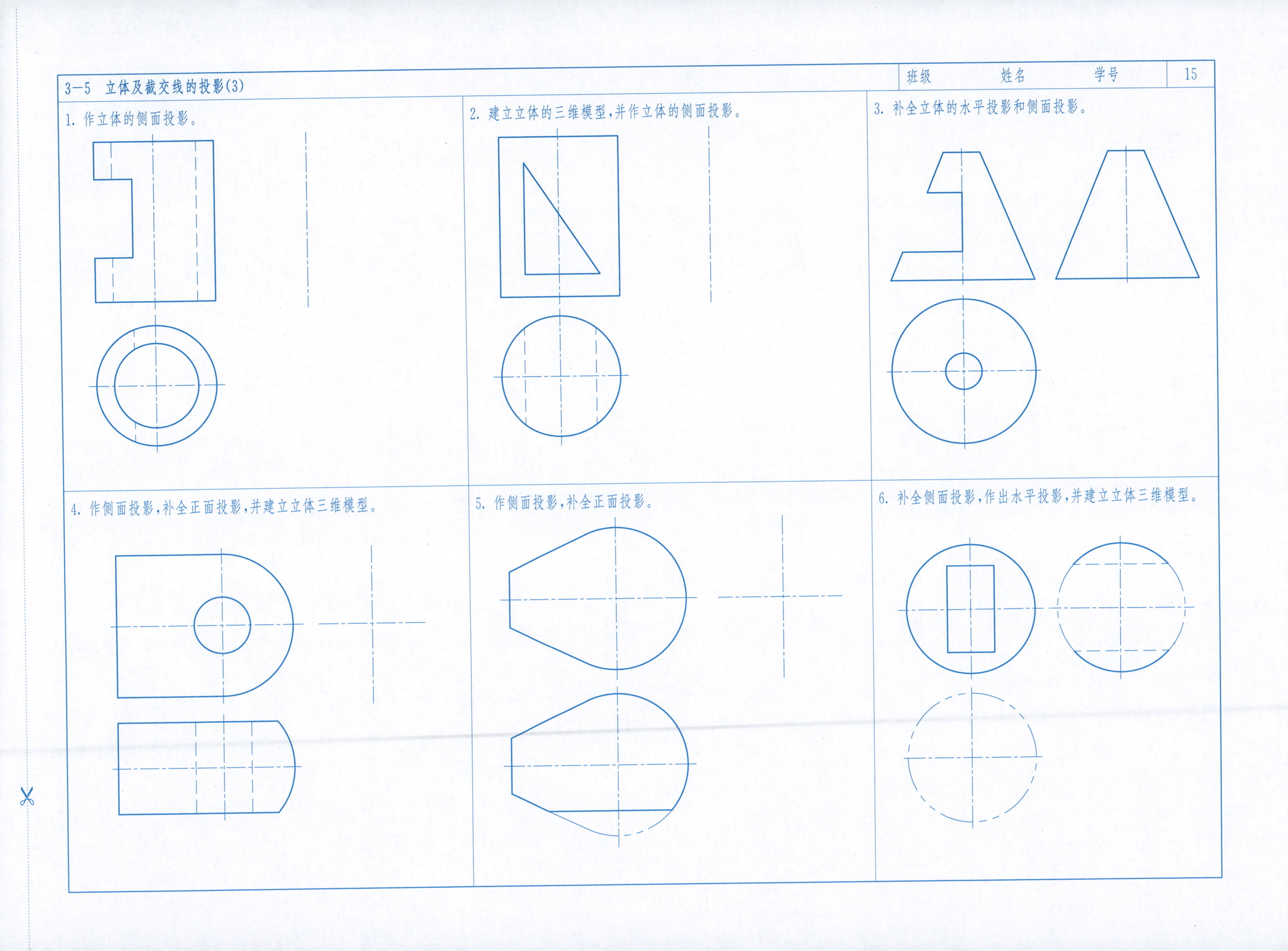
3-5 立体及截交线的投影(3)
班级
姓名
学号
15
1. 作立体的侧面投影。
2. 建立立体的三维模型,并作立体的侧面投影。
3. 补全立体的水平投影和侧面投影。
4. 作侧面投影,补全正面投影,并建立立体三维模型。
5. 作侧面投影,补全正面投影。
6. 补全侧面投影,作出水平投影,并建立立体三维模型。

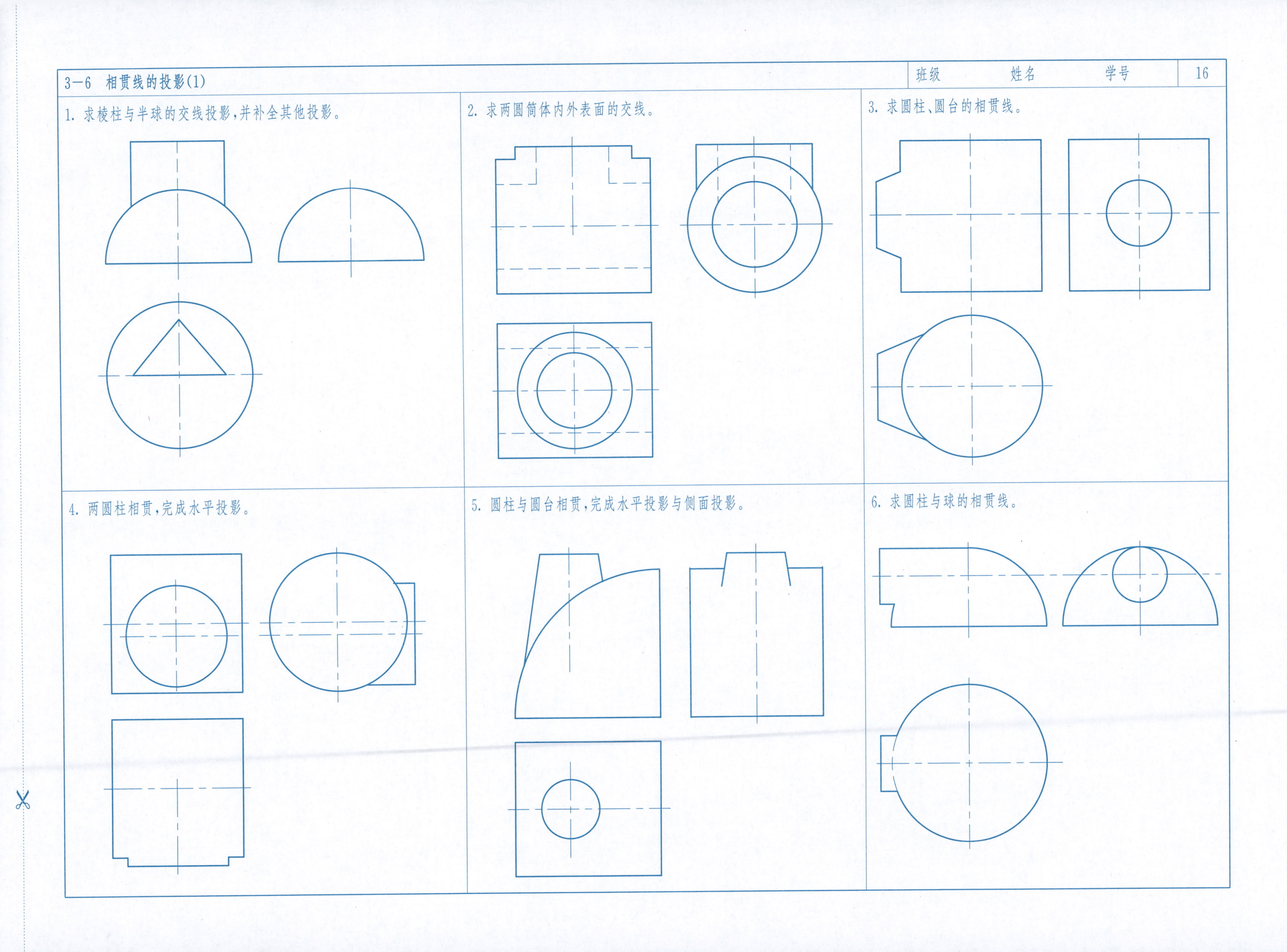

1. 求棱柱与半球的交线投影，并补全其他投影。
2. 求两圆筒体内外表面的交线。
3. 求圆柱、圆台的相贯线。
4. 两圆柱相贯，完成水平投影。
5. 圆柱与圆台相贯，完成水平投影与侧面投影。
6. 求圆柱与球的相贯线。

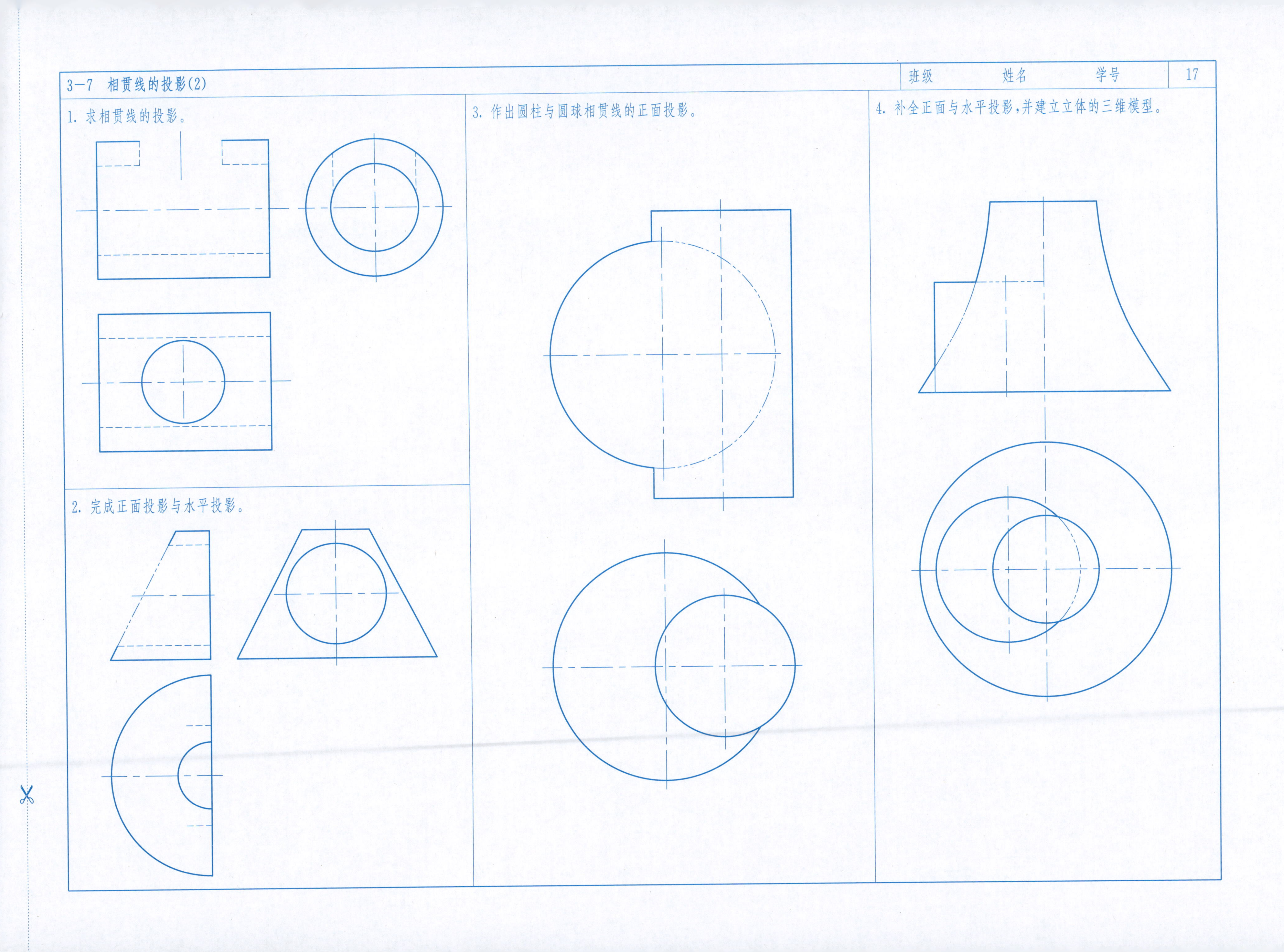
3-7 相贯线的投影(2)
班级
姓名
学号
17
1. 求相贯线的投影。
2. 完成正面投影与水平投影。
3. 作出圆柱与圆球相贯线的正面投影。
4. 补全正面与水平投影,并建立立体的三维模型。

1. 圆台与半球相贯,建立立体的三维模型,完成正面投影与水平投影。

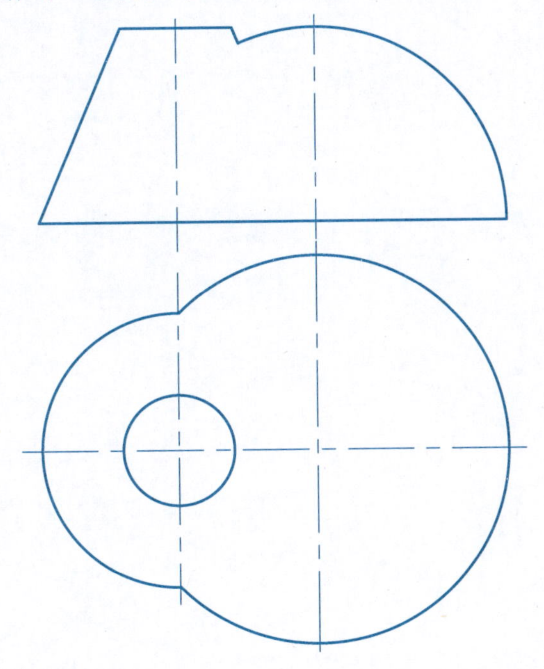

2. 圆柱与圆锥相贯,完成正面投影。

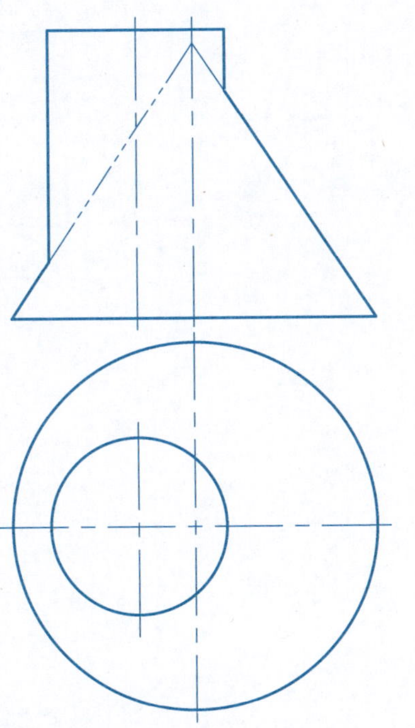

3. 圆柱与孔相贯,完成侧面投影,建立三维模型。

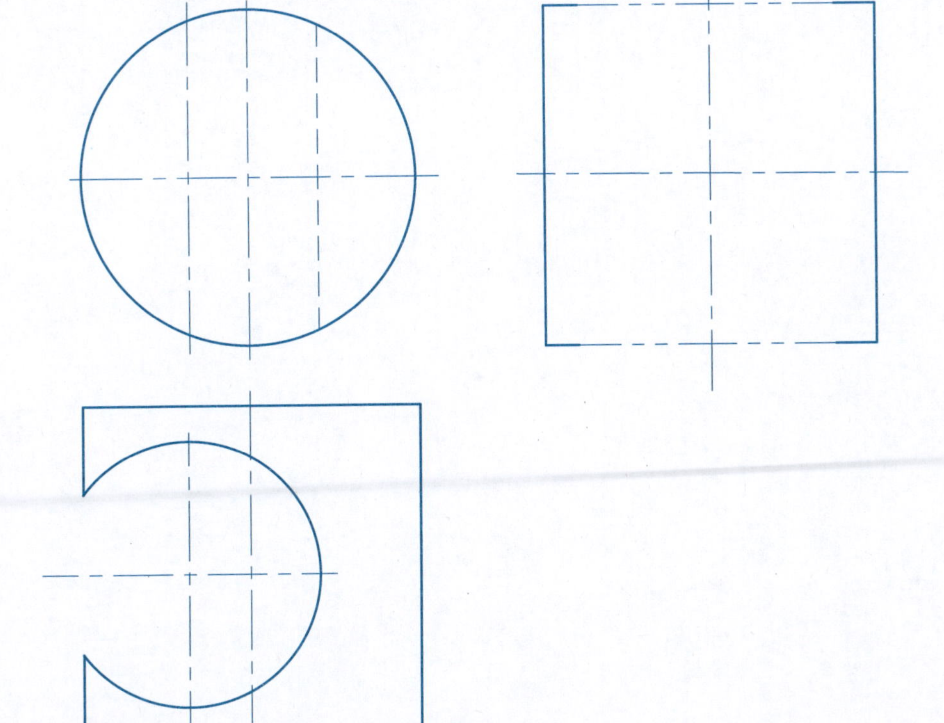

4. 圆柱与圆锥相贯,完成水平投影与侧面投影。

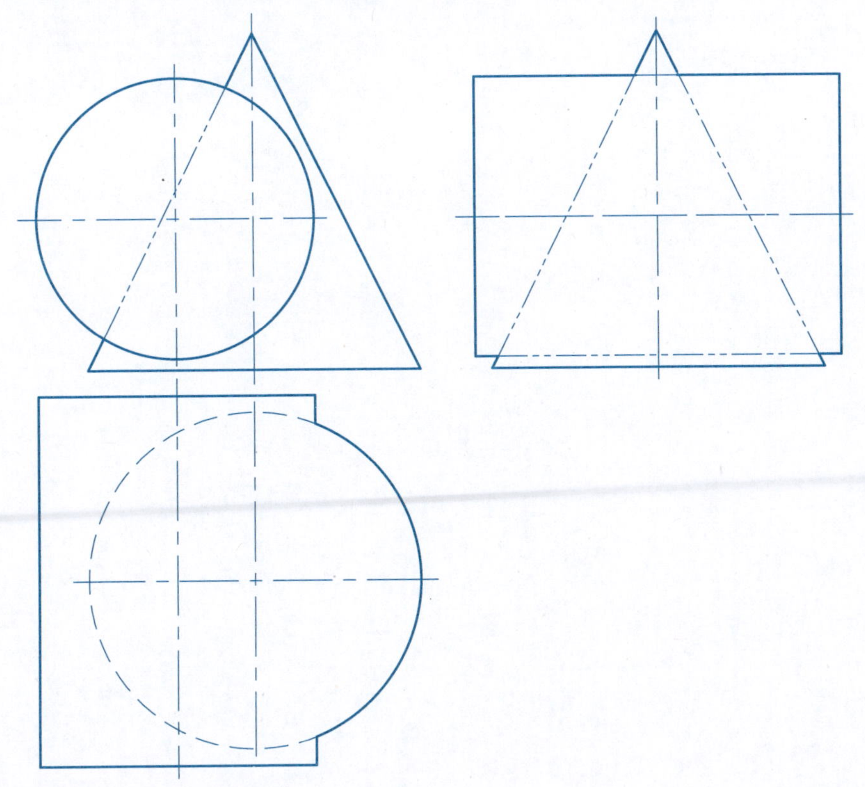

1. 作出两圆柱相贯线的投影。

2. 作出圆柱与半球的相贯线的投影。

3. 完成立体的正面投影，并建立三维模型。

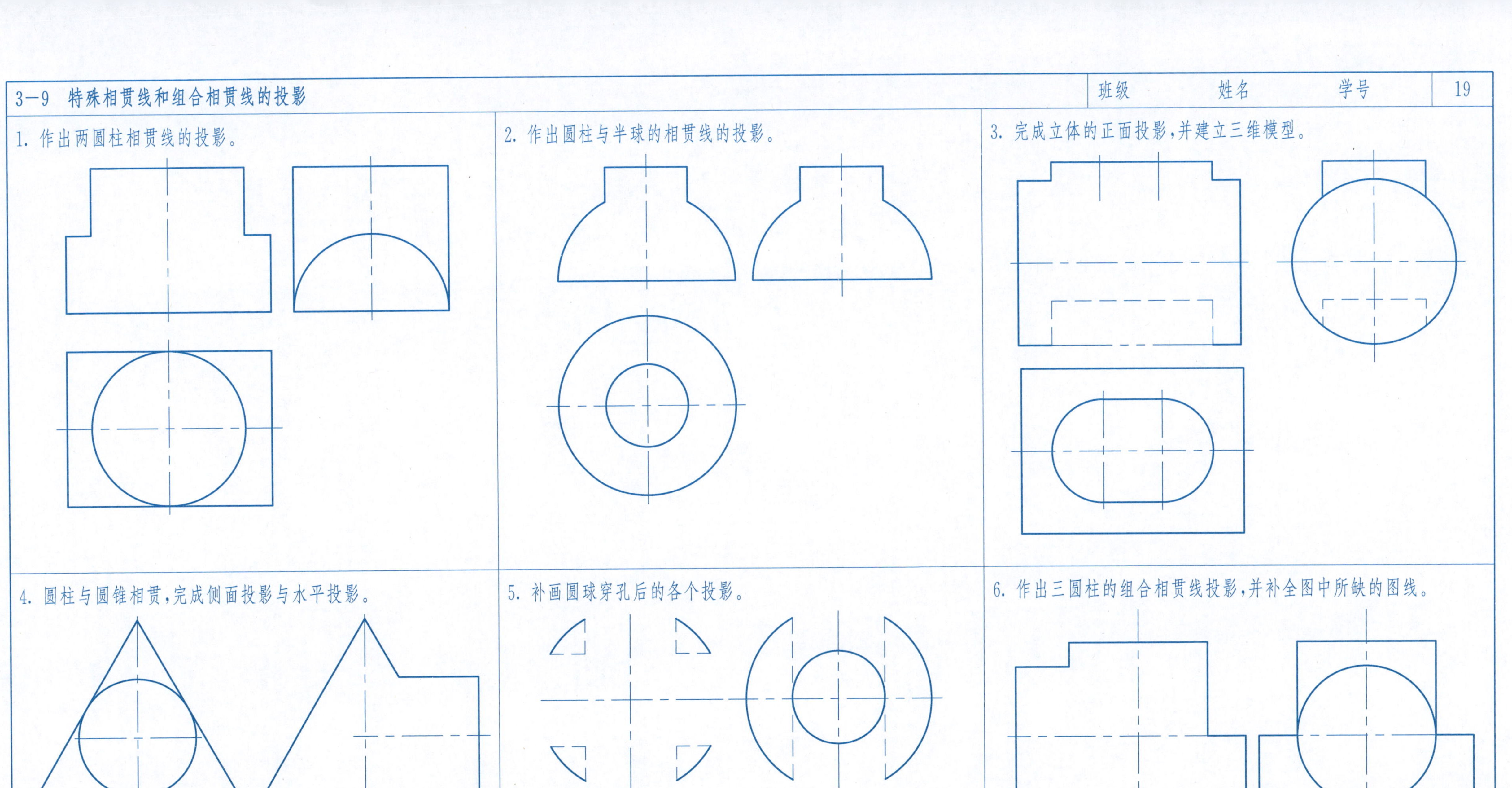

4. 圆柱与圆锥相贯，完成侧面投影与水平投影。

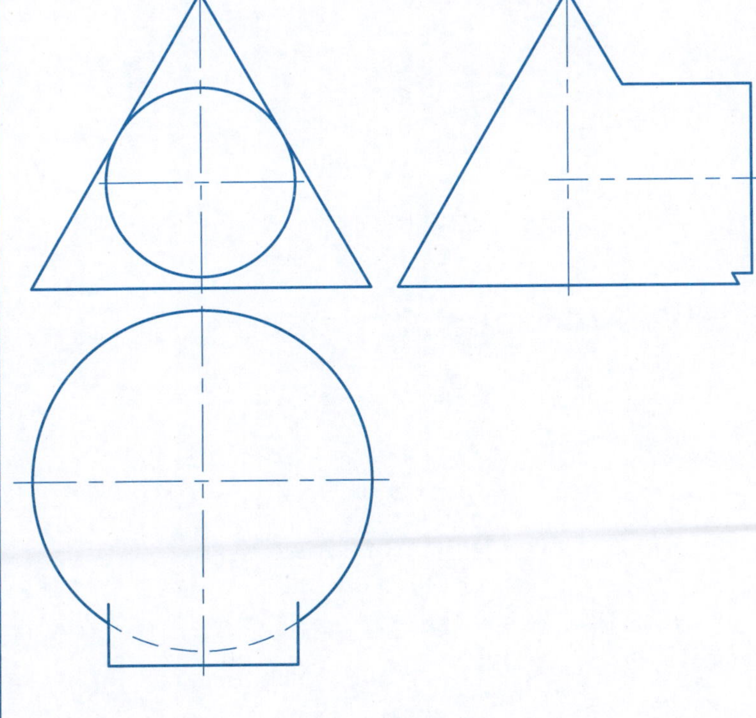

5. 补画圆球穿孔后的各个投影。

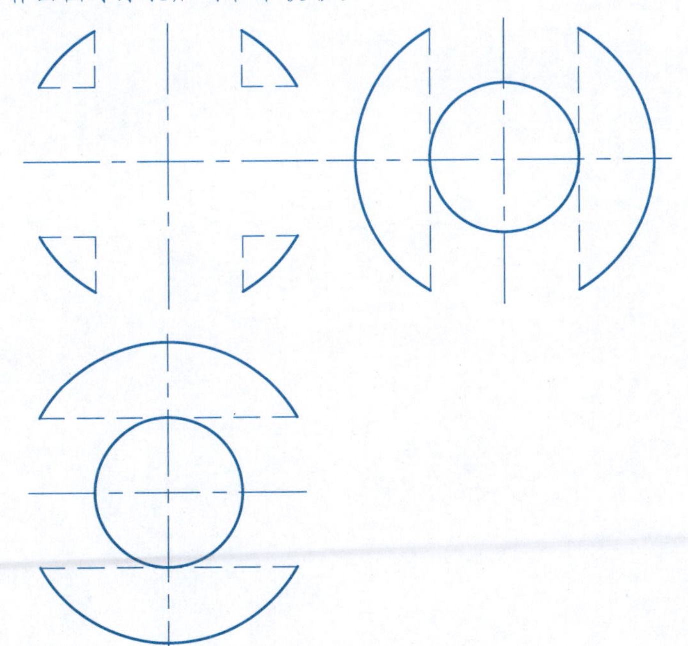

6. 作出三圆柱的组合相贯线投影，并补全图中所缺的图线。

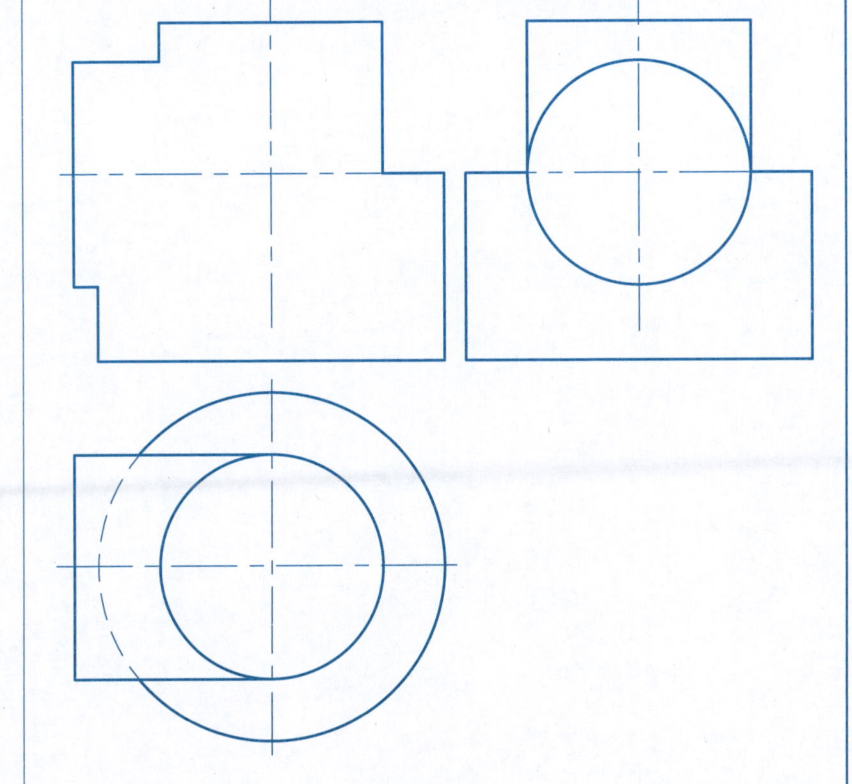

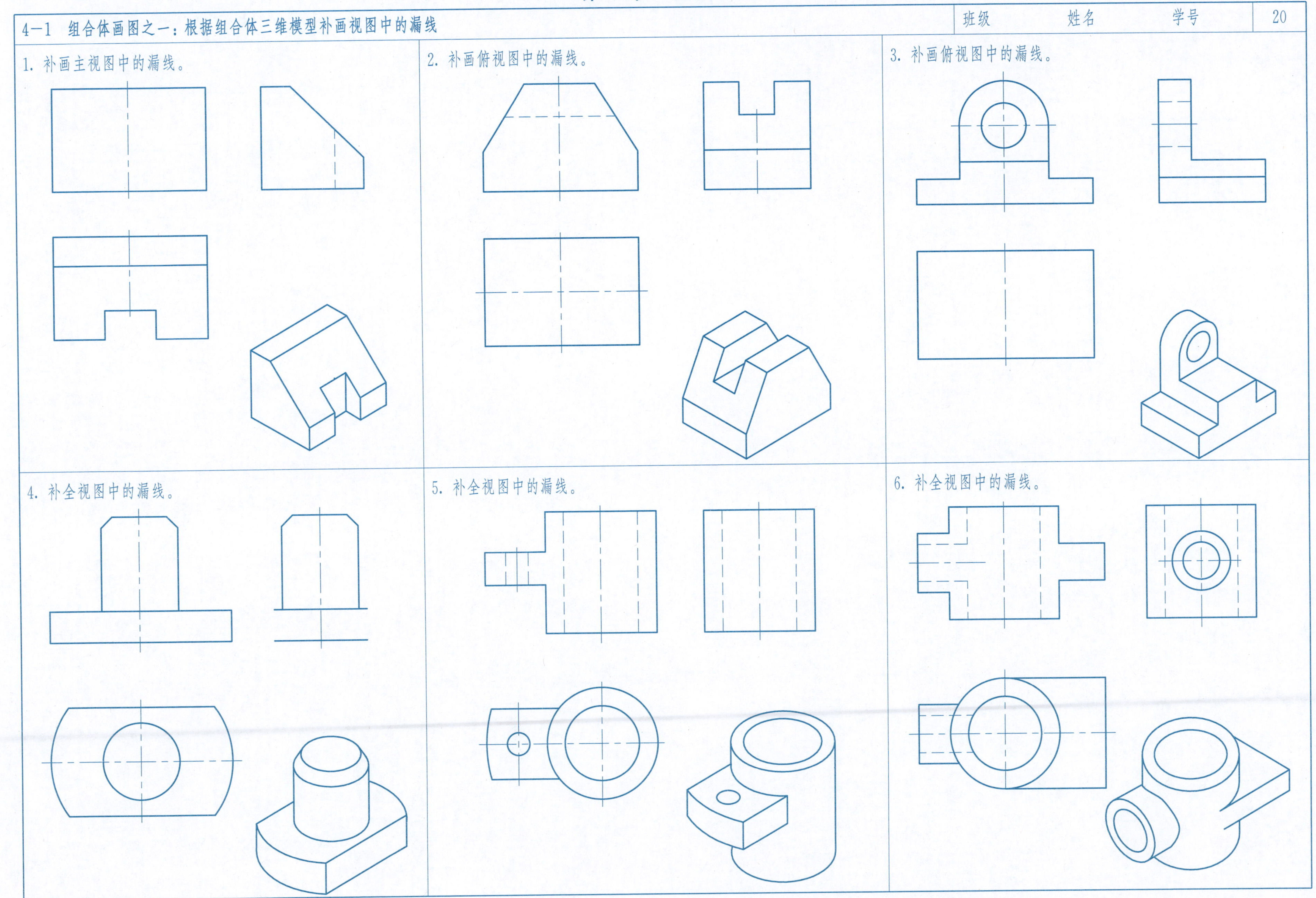
4-1　组合体画图之一：根据组合体三维模型补画视图中的漏线
班级
姓名
学号
20
1. 补画主视图中的漏线。
2. 补画俯视图中的漏线。
3. 补画俯视图中的漏线。
4. 补全视图中的漏线。
5. 补全视图中的漏线。
6. 补全视图中的漏线。

4-2 组合体画图之二：根据模型画其三视图	班级	姓名	学号	21

要求：比例1∶1，直接从模型上量取尺寸画图，量取尺寸时尽量取成整格，从而使轮廓线尽量与网格线重合，以便提高画图速度。基准线也应与网格线重合。

1. 根据立体图中的字母代号标出对应的三视图。

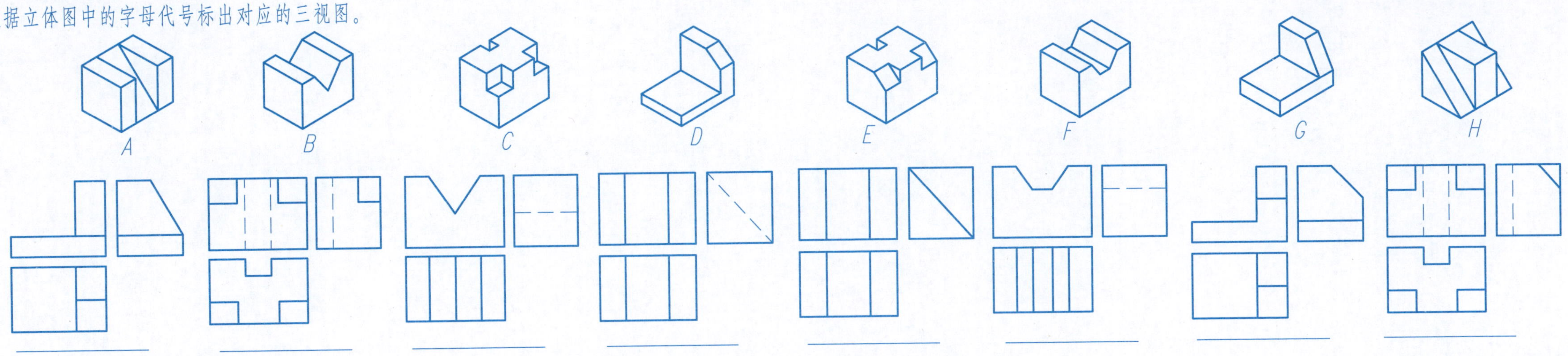

A B C D E F G H

2. 左视图正确的是________。

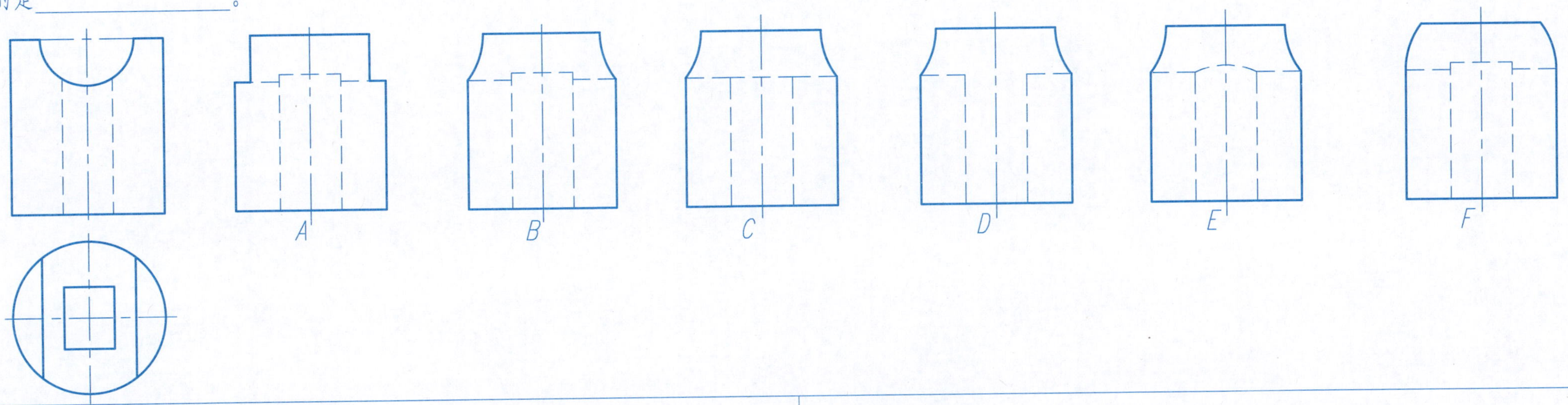

A B C D E F

3. 俯视图正确的是________。

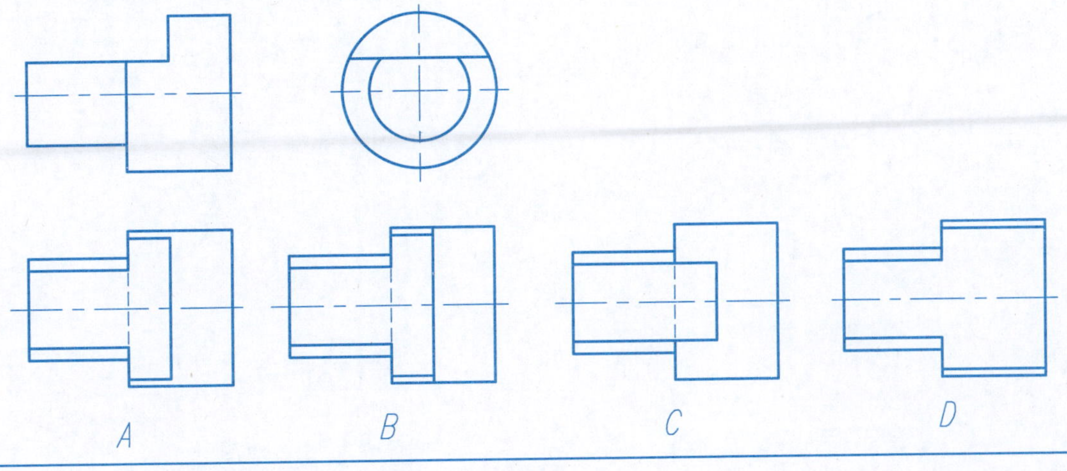

A B C D

4. 俯视图正确的是________。

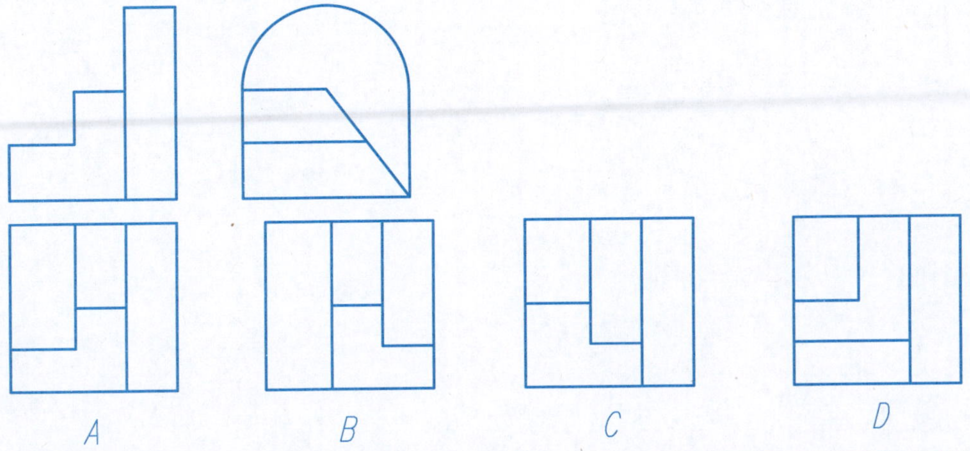

A B C D

4-4　组合体读图之二：补视图与补漏线
班级
姓名
学号
23
1. 根据两视图补画第三视图。
1)
2)
3)
4)
5)
6)
2. 补全视图中的漏线。
1)
2)
3)
4)
5)

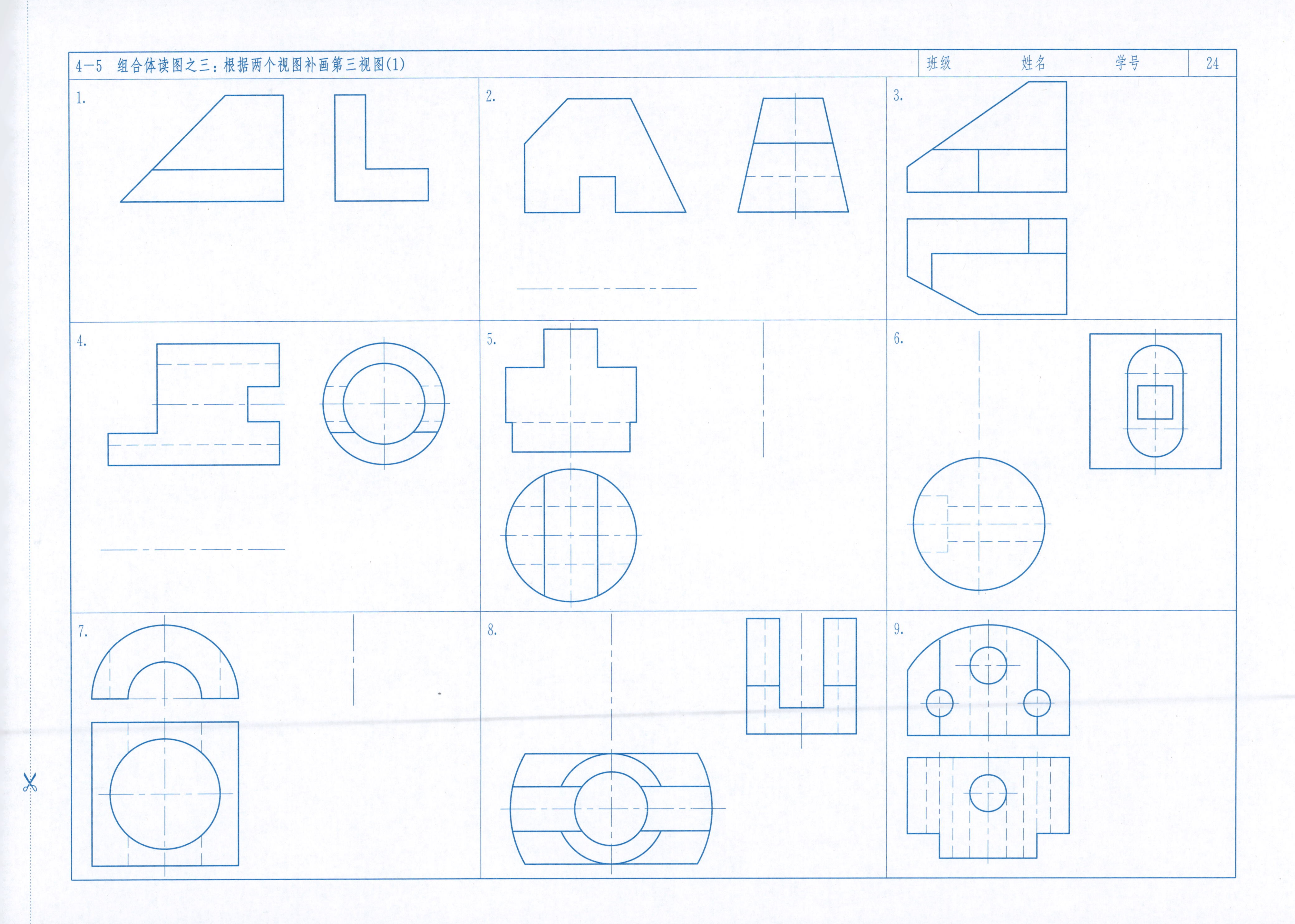
4—5 组合体读图之三：根据两个视图补画第三视图(1)
班级
姓名
学号
24
1.
2.
3.
4.
5.
6.
7.
8.
9.

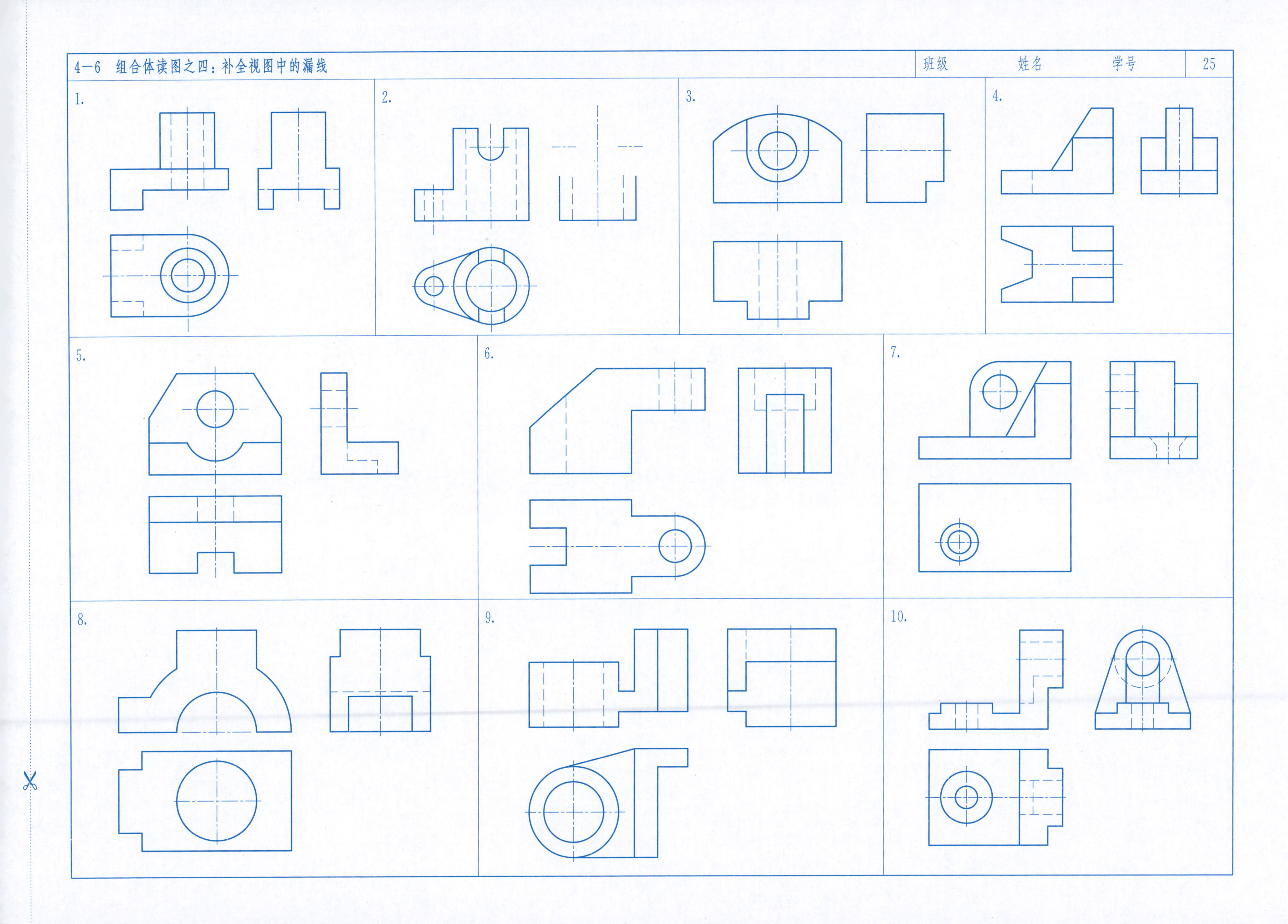
1.
2.
3.
4.
5.
6.
7.
8.
9.
10.

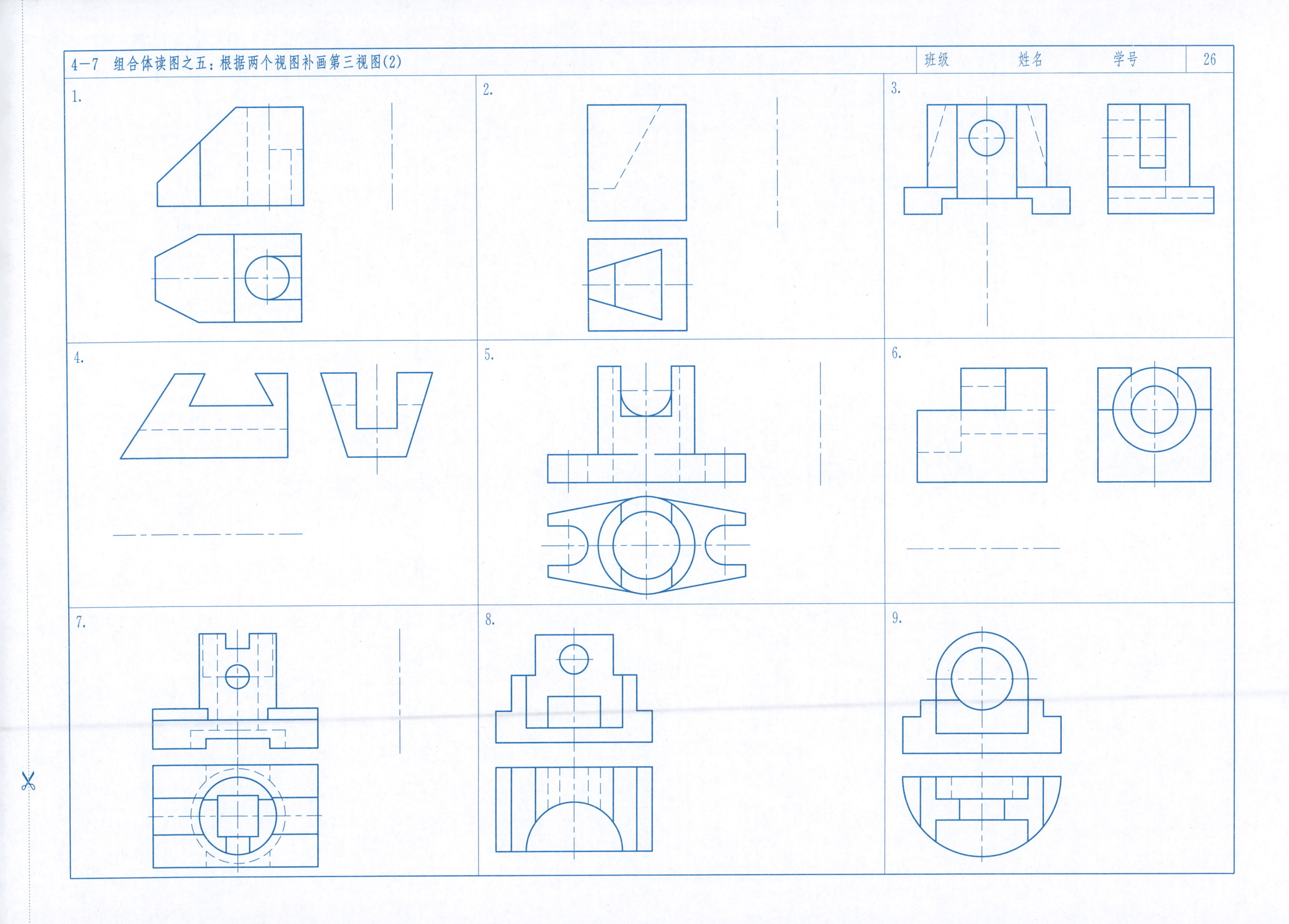
4-7 组合体读图之五：根据两个视图补画第三视图(2)
班级
姓名
学号
26
1.
2.
3.
4.
5.
6.
7.
8.
9.

4-8 组合体的尺寸标注

1. 看懂视图中的尺寸标注，并在右边的视图中再标注一次。

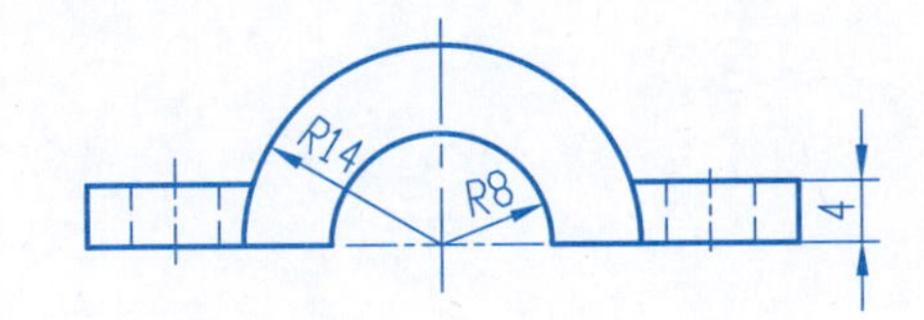

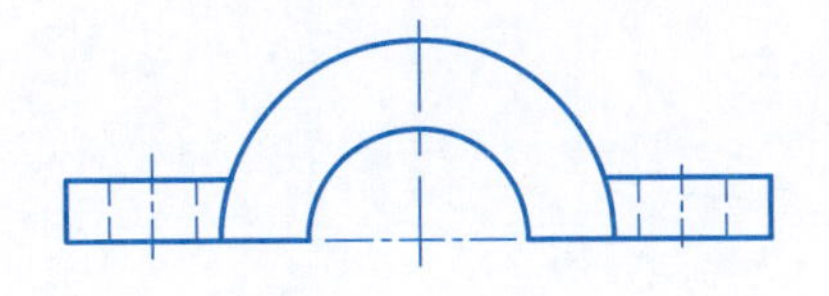

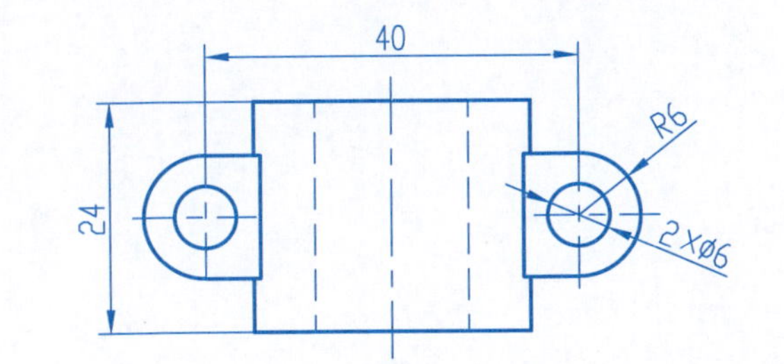

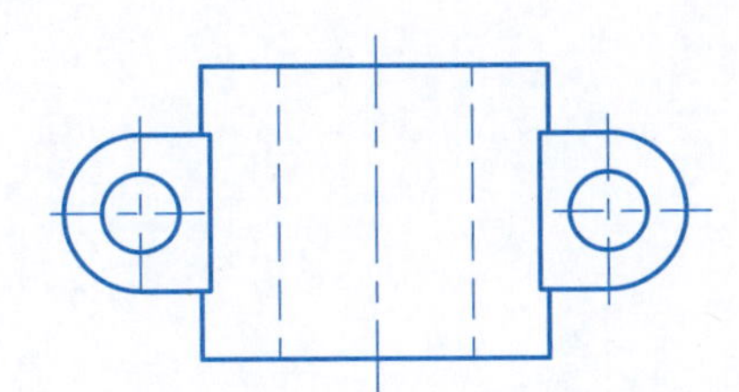

2. 核查组合体尺寸，补注尺寸数字及遗漏尺寸（尺寸数值从图中量取，取整数）。

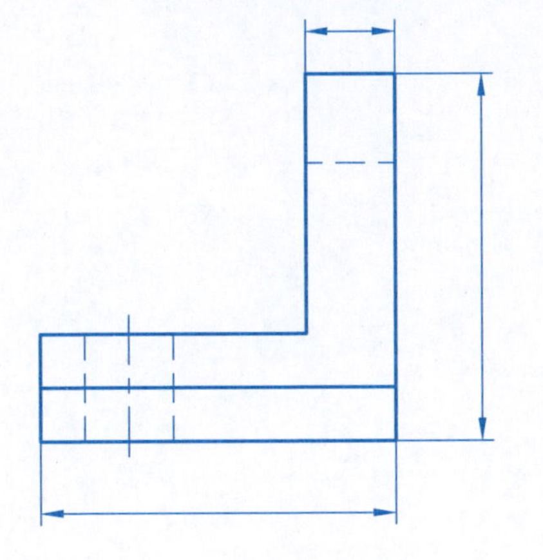

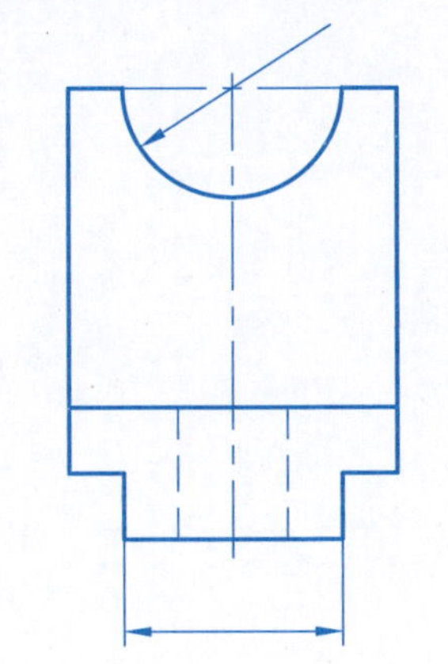

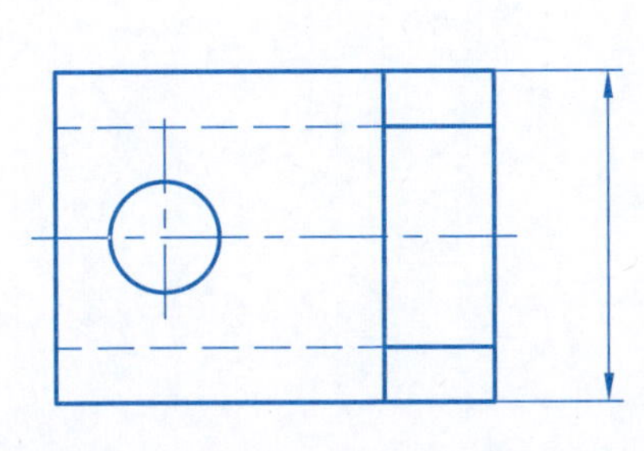

3. 找出图中的错误尺寸、重复尺寸和遗漏尺寸，在右图中正确标注（尺寸数值从图中量取，取整数）。

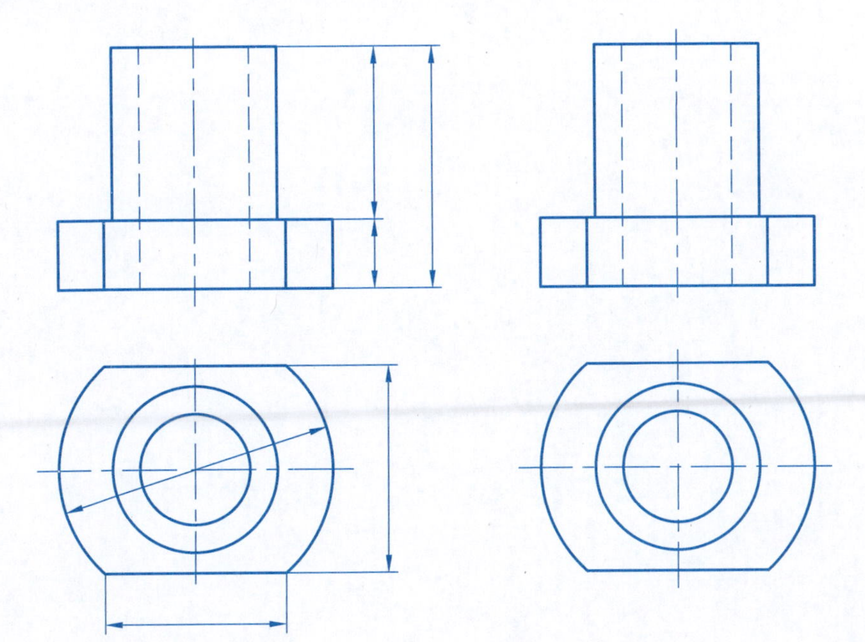

4. 标注组合体尺寸（尺寸数值从图中量取，取整数）。

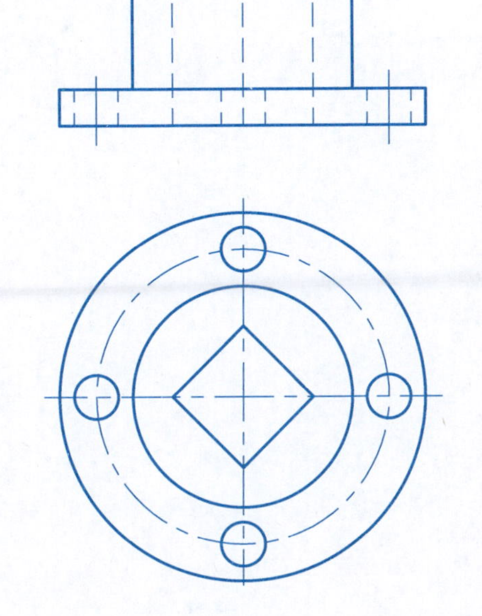

5. 标注组合体尺寸（尺寸数值从图中量取，取整数）。

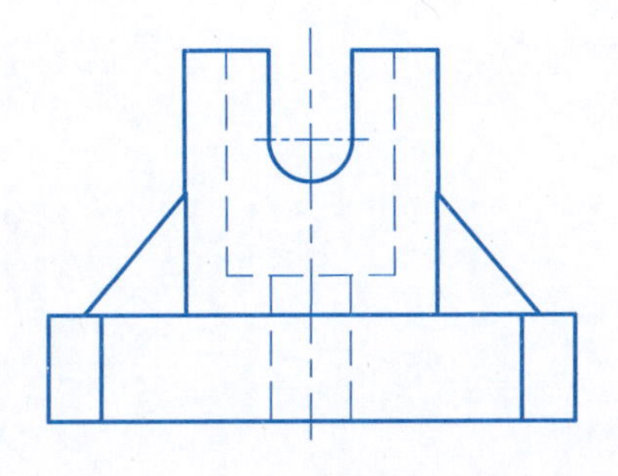

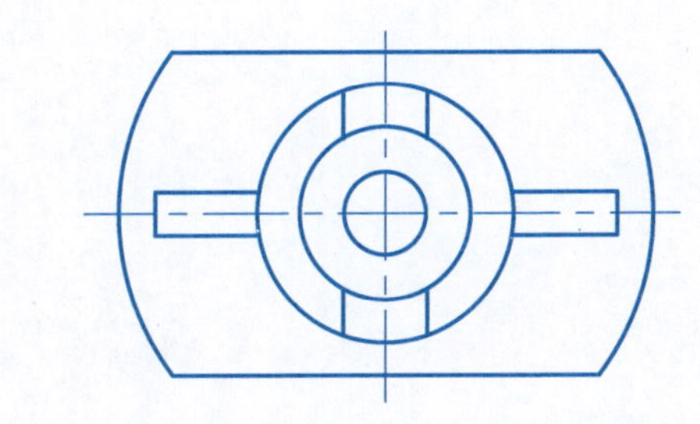

组合体作业

1. 目的、内容与要求

1）目的

牢固建立三视图的概念，掌握三视图的画法，理解和运用形体分析法和线面分析法解决组合体中的尺寸注法和读图问题。

2）内容

任选一三维模型，利用 AutoCAD 软件画出其三视图，并标注尺寸。

3）要求

布图合理，图形正确，线型规范，字体工整，尺寸标准。

2. 图名、图幅和比例

(1) 图名：三视图；

(2) 图幅：A3；

(3) 比例：2∶1。

3. 绘图步骤及注意事项

1）绘图步骤

(1) 使用“图形界限”limit 命令确定 A3 横置图纸图幅大小，并设置所需要的图层。

(2) 选择合适的投影方向。

(3) 按尺寸要求，用合适的图层画出所有图线和图形。

(4) 检查图形投影无误后，标注尺寸。

(5) 填写标题栏有关内容。

2）注意事项

(1) 仔细分析三维模型，按组合体的画图原则，正确画出三视图。

(2) 画图比例为 2∶1。

(3) 图中汉字均写成长仿宋体，按字体大小打格子书写；图名为 7 号字，校名(系名)为 5 号字；图中尺寸数字为 2.5 号字。

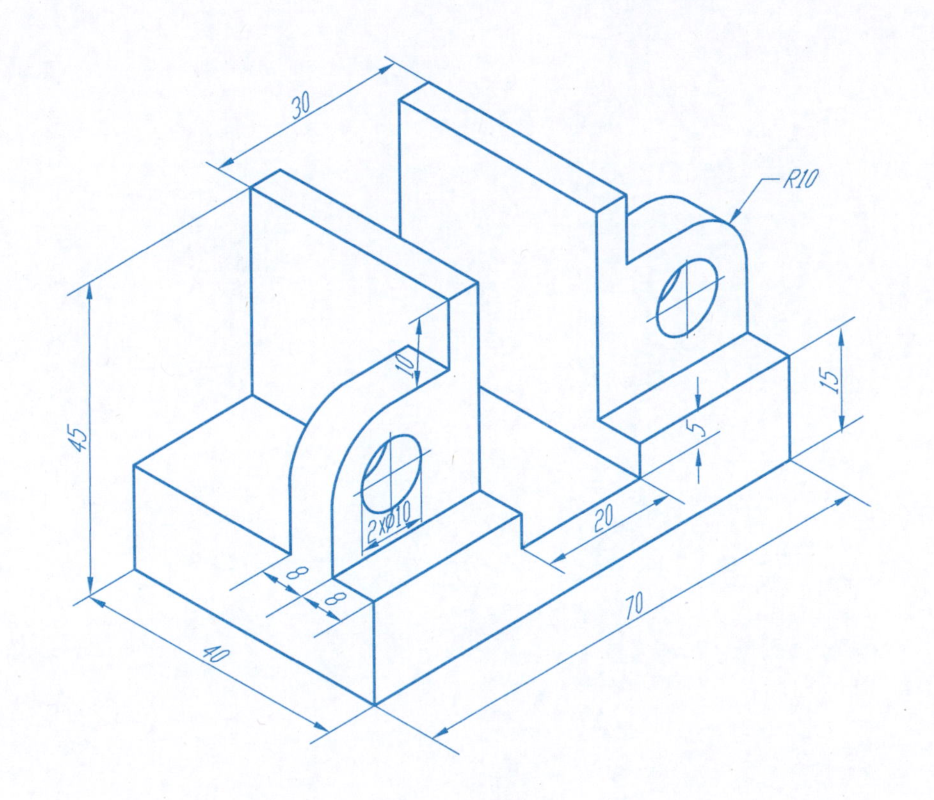

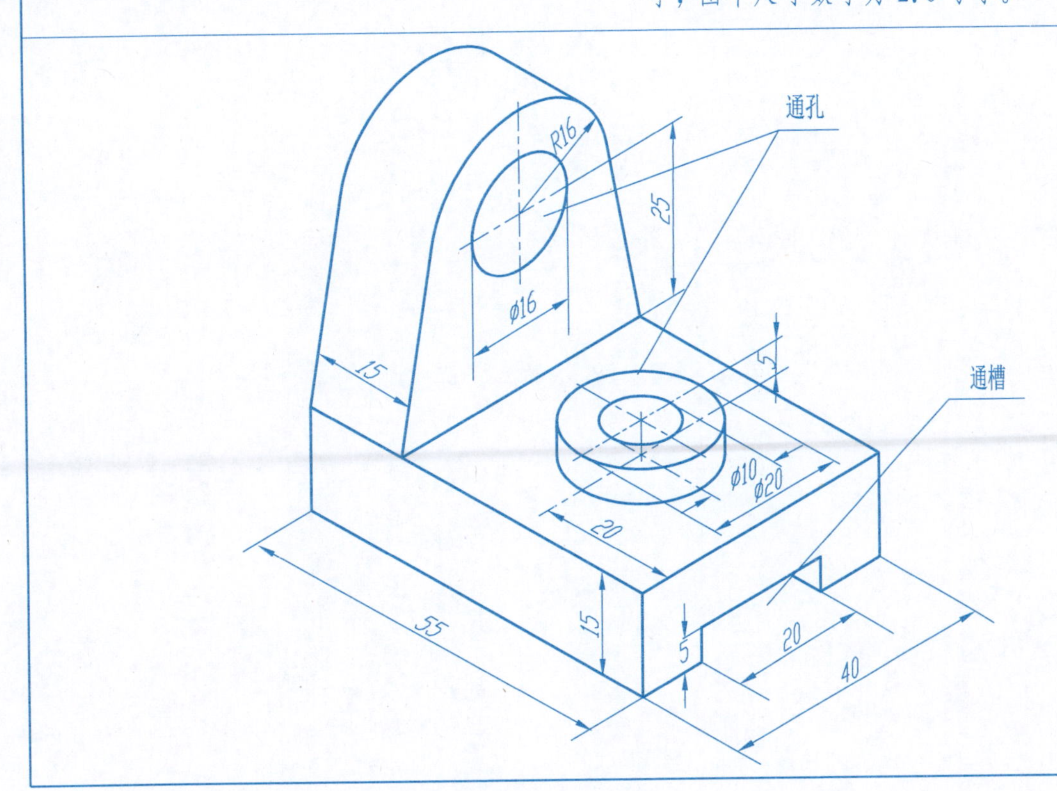

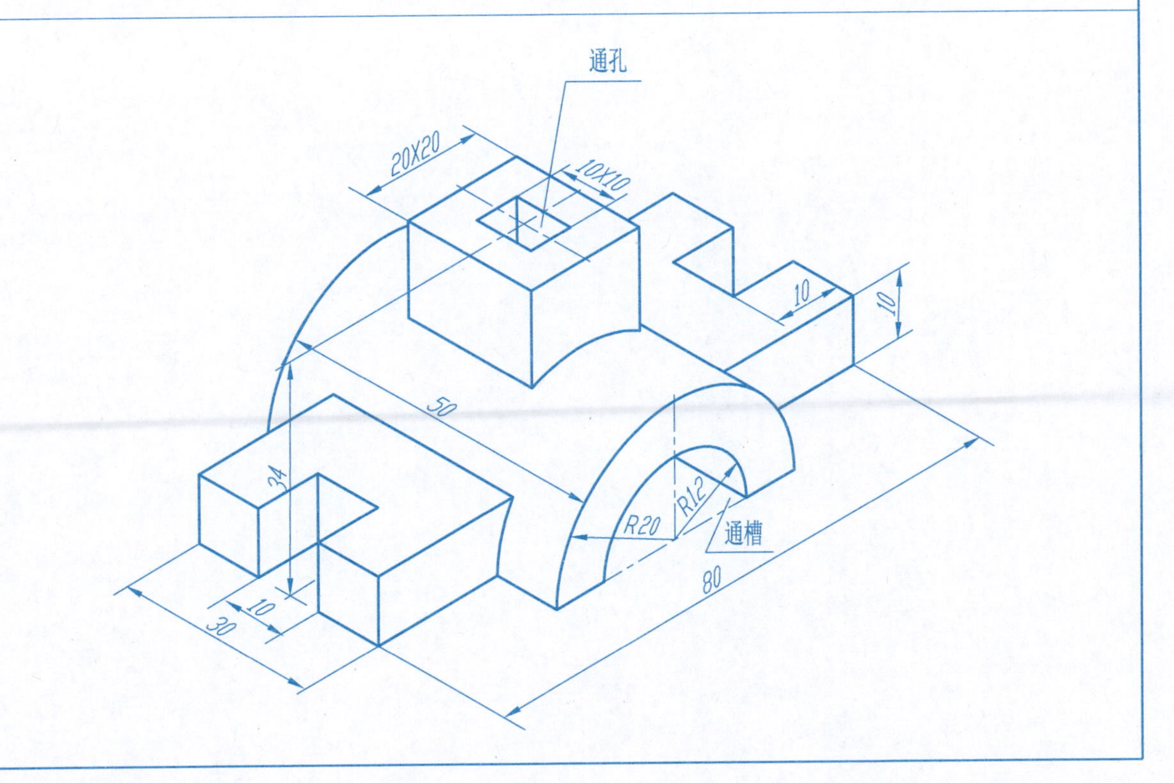

第5章　轴测投影图

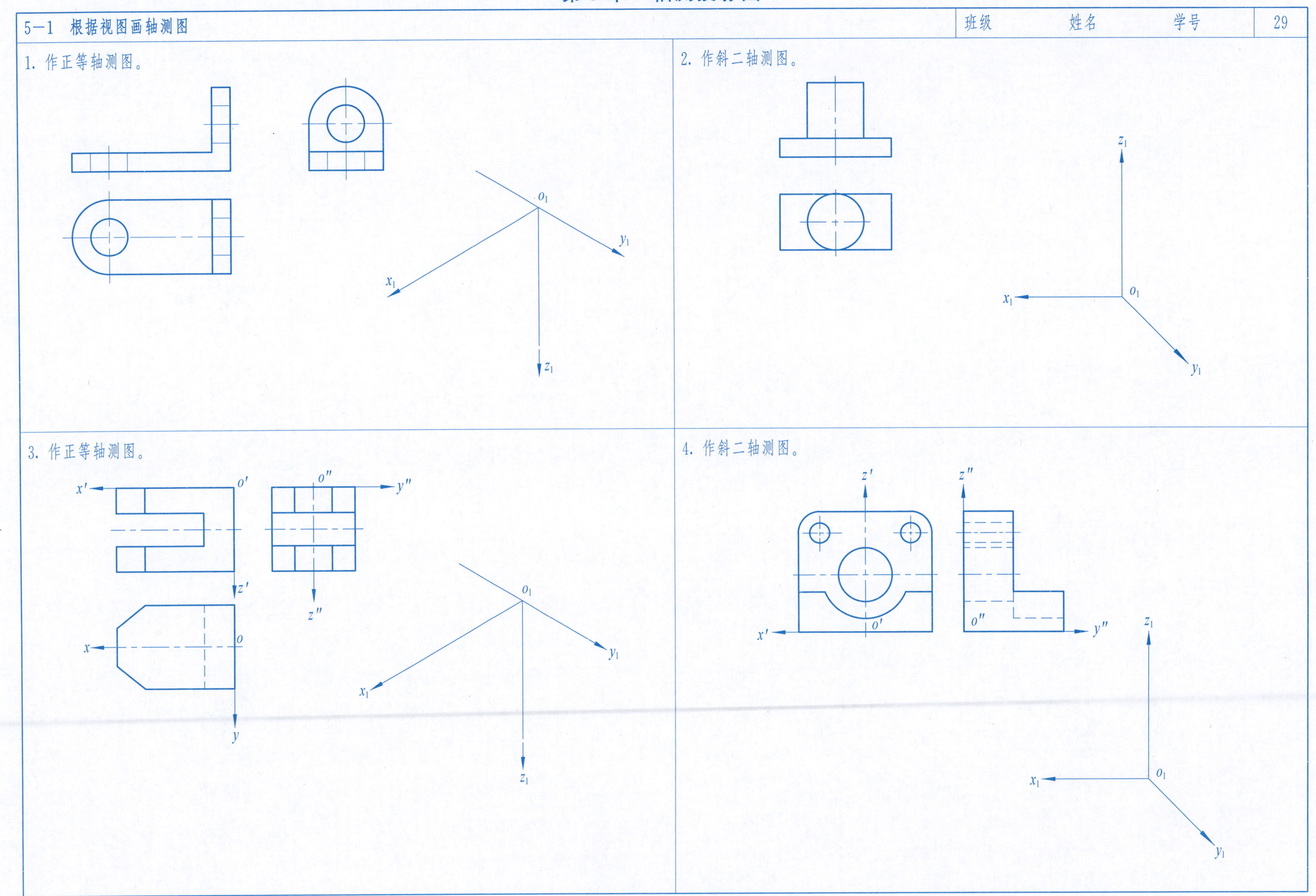
5-1　根据视图画轴测图
班级
姓名
学号
29
1. 作正等轴测图。
o_1
x_1
y_1
z_1
2. 作斜二轴测图。
z_1
x_1
o_1
y_1
3. 作正等轴测图。
x'
o'
o''
y''
z'
z''
x
o
y
o_1
x_1
y_1
z_1
4. 作斜二轴测图。
z'
z''
x'
o'
o''
y''
z_1
o_1
x_1
y_1

6-1　基本视图、局部视图、斜视图	班级	姓名	学号	30

1. 已知立体的主视图、俯视图和左视图，补画其余 3 个基本视图。

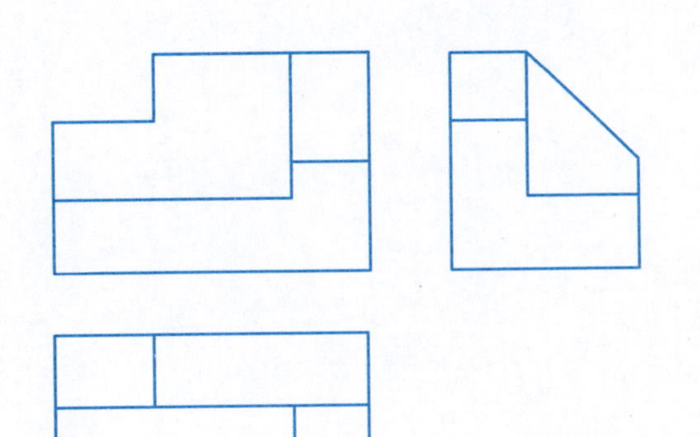

2. 在指定的位置画出箭头指向的局部视图和斜视图。

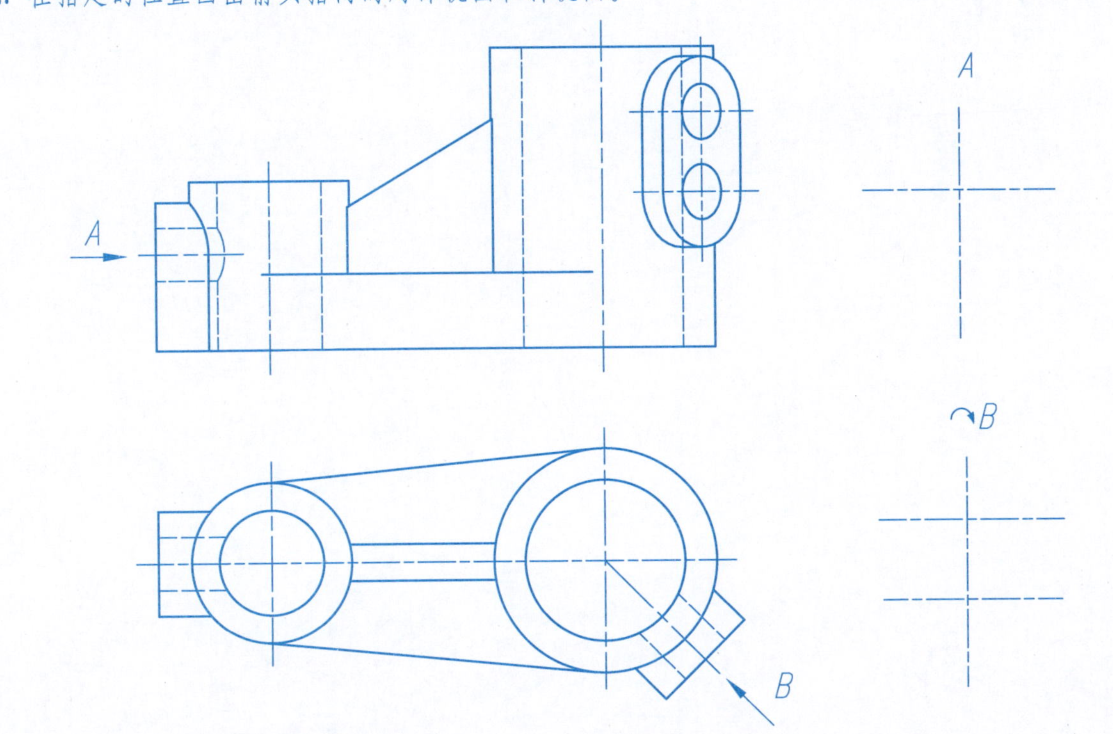

3. 已知立体的主视图和俯视图，补画图中箭头所指的 3 个向视图。

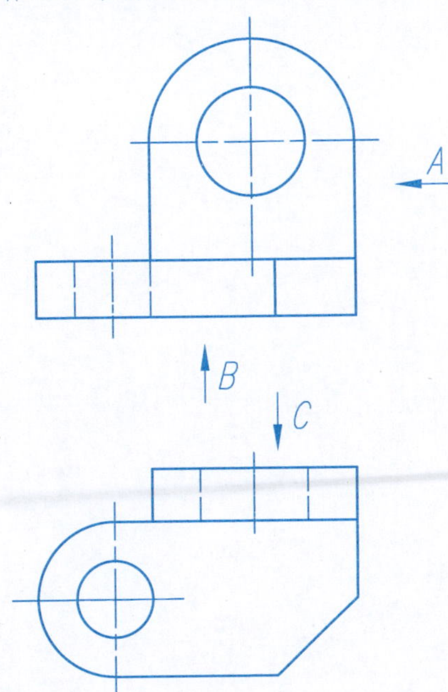

4. 根据已知的视图，画出 A 向斜视图和 B 向局部俯视图。

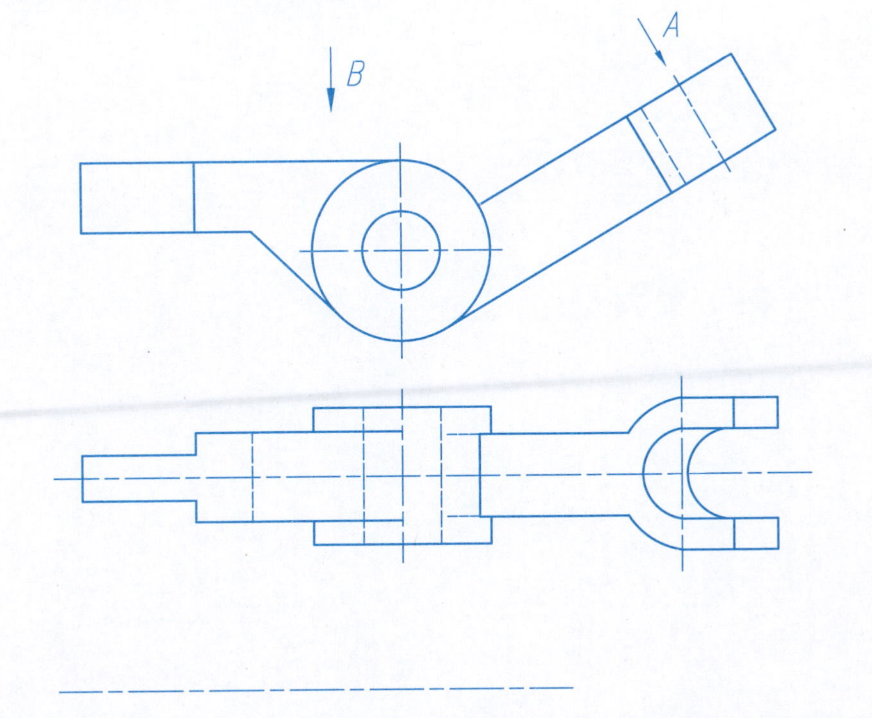

1. 分析图中错误，在指定位置画出正确的全剖视图。

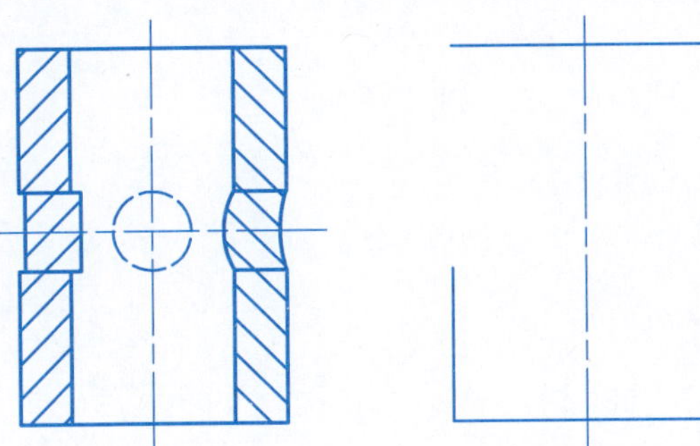

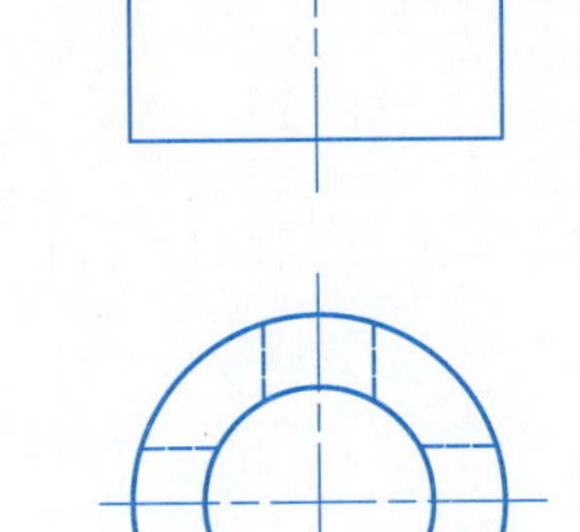

2. 补全剖视图中漏画的图线。

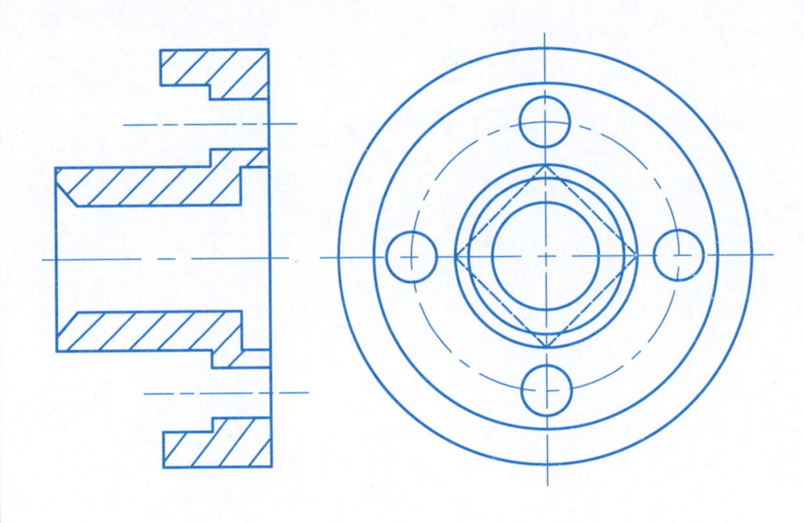

3. 补全视图中漏画的图线，并在指定位置画出全剖的左视图。

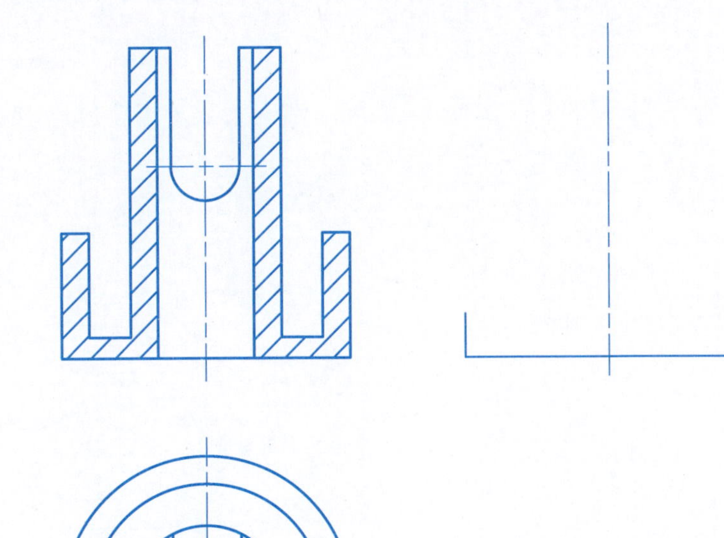

4. 在指定位置将主视图改画成全剖视图。

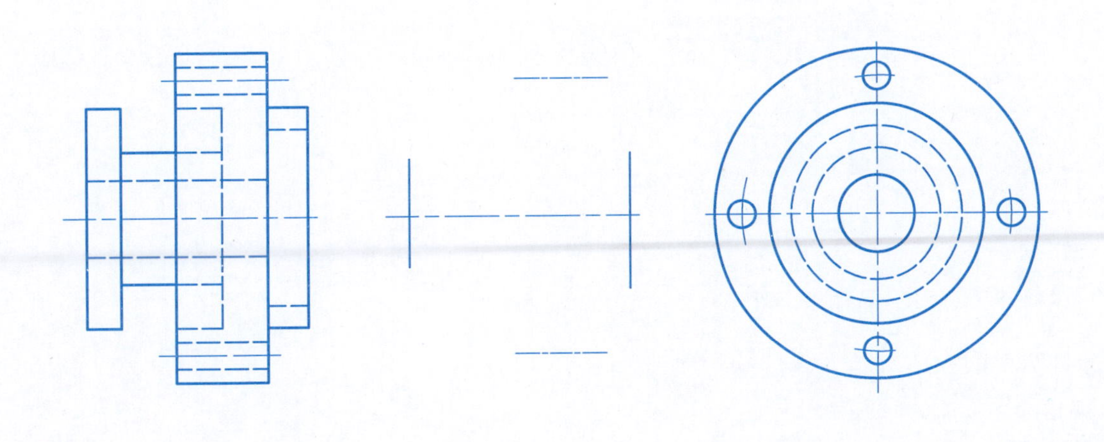

5. 在指定位置将主视图改画成全剖视图。

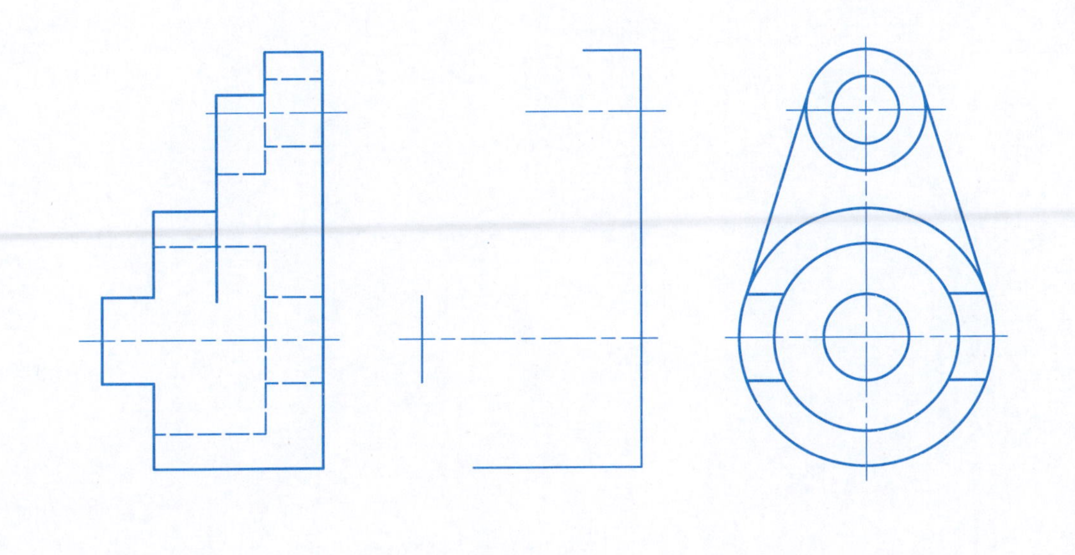

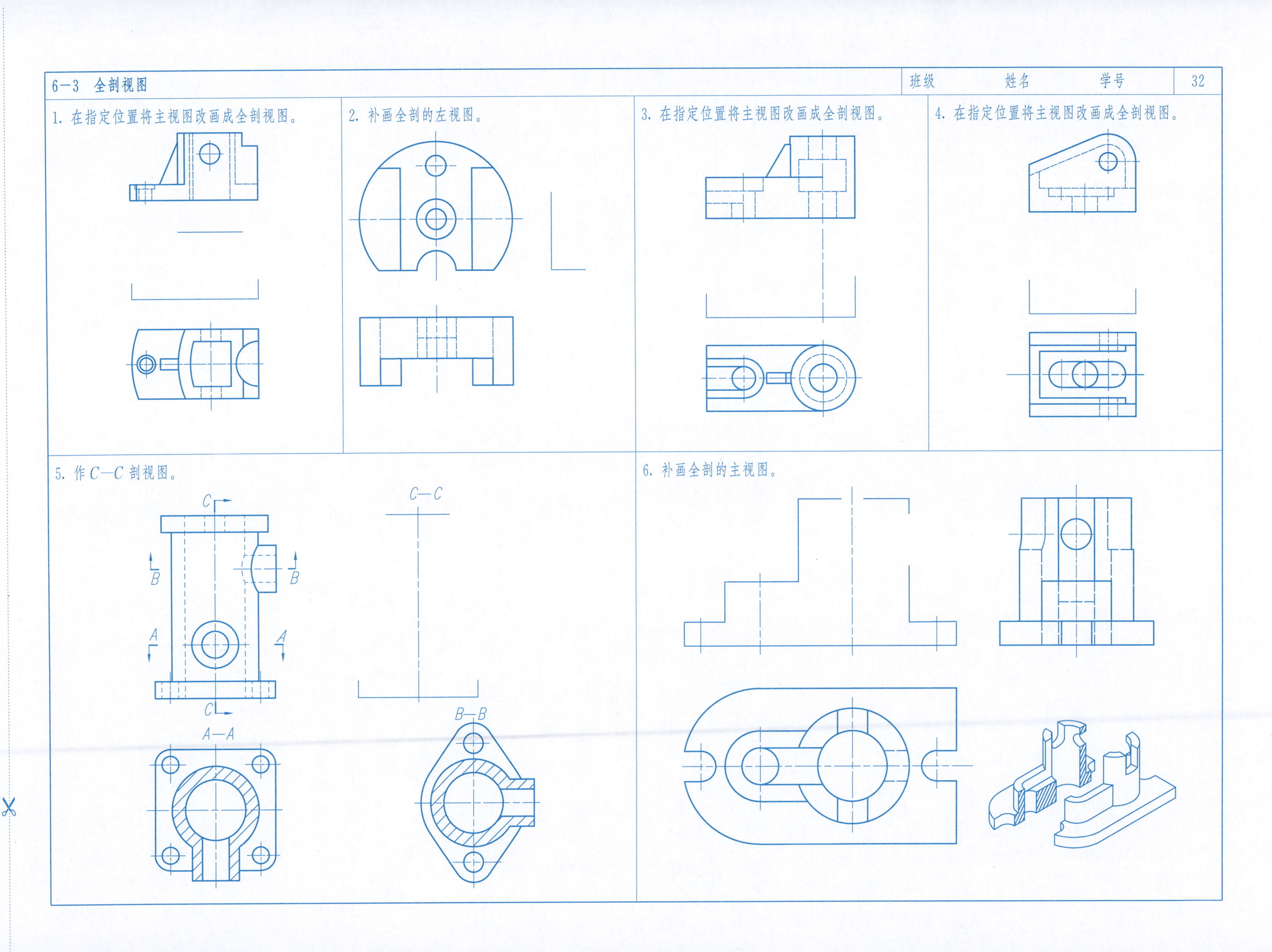
6-3 全剖视图
班级
姓名
学号
32
1. 在指定位置将主视图改画成全剖视图。
2. 补画全剖的左视图。
3. 在指定位置将主视图改画成全剖视图。
4. 在指定位置将主视图改画成全剖视图。
5. 作 C—C 剖视图。
C
B
B
A
A
C
C—C
A—A
B—B
6. 补画全剖的主视图。

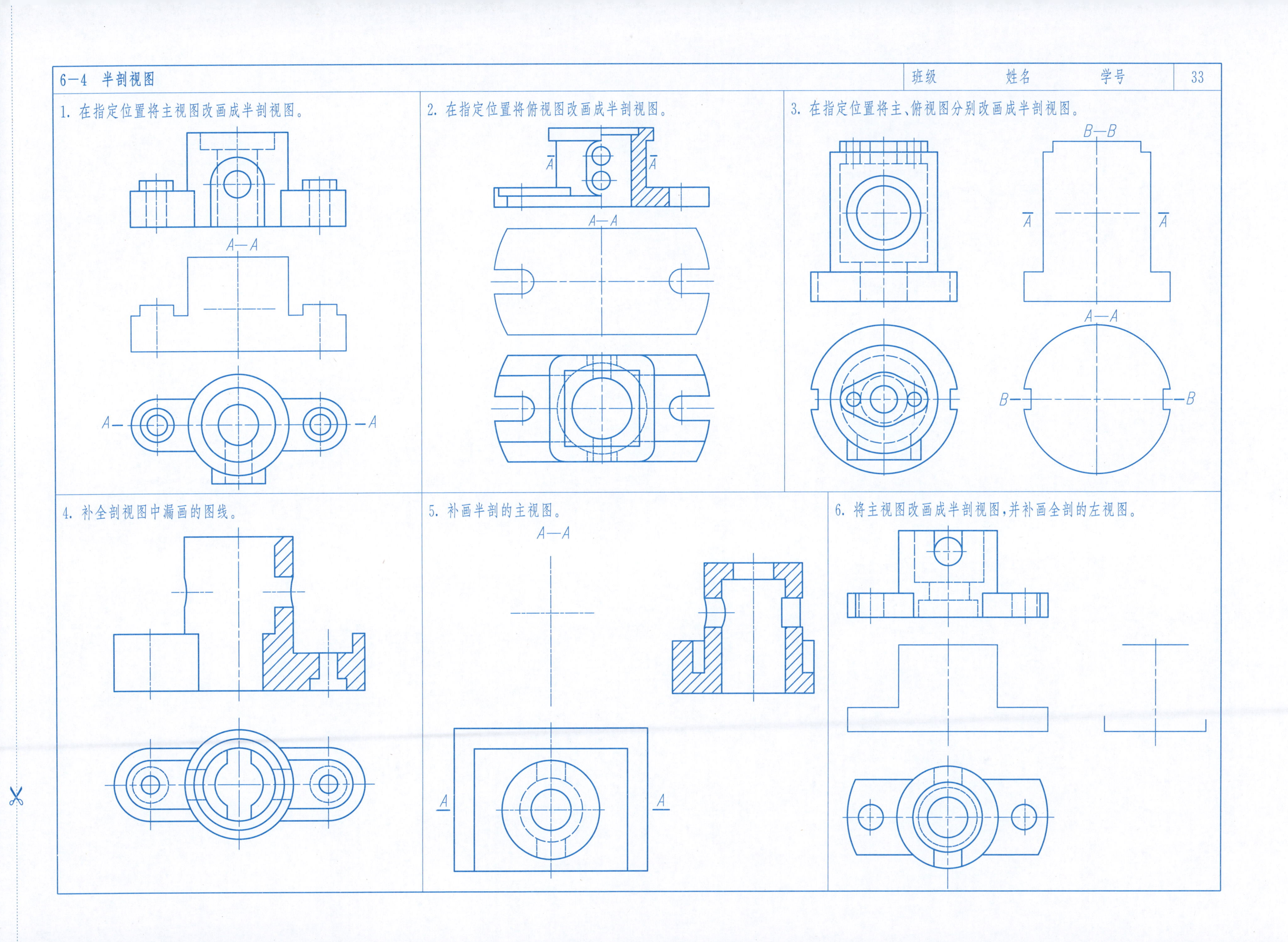
6-4 半剖视图
班级
姓名
学号
33
1. 在指定位置将主视图改画成半剖视图。
A—A
A
A
2. 在指定位置将俯视图改画成半剖视图。
A
A
A—A
3. 在指定位置将主、俯视图分别改画成半剖视图。
B—B
A
A
A—A
B
B
4. 补全剖视图中漏画的图线。
5. 补画半剖的主视图。
A—A
A
A
6. 将主视图改画成半剖视图，并补画全剖的左视图。

1. 读懂图(a)，指出图(b)中的错误，在指定位置作出正确的局部剖视图。

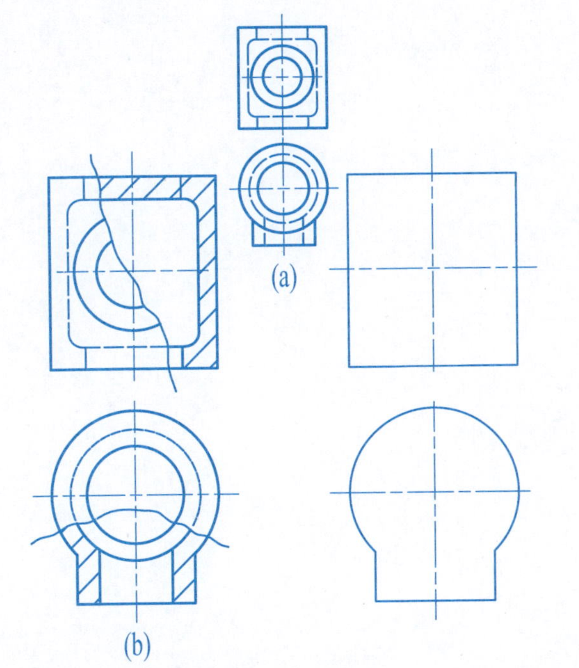

2. 读懂图(a)，补全图(b)中漏画的图线。

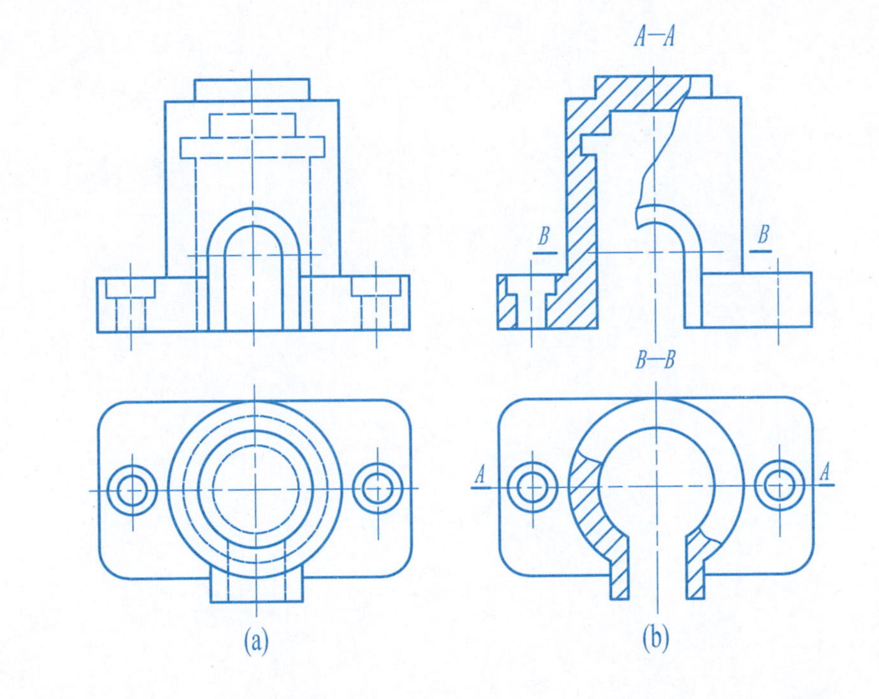

3. 在指定的位置将主、俯视图改画成适当的局部剖视图。

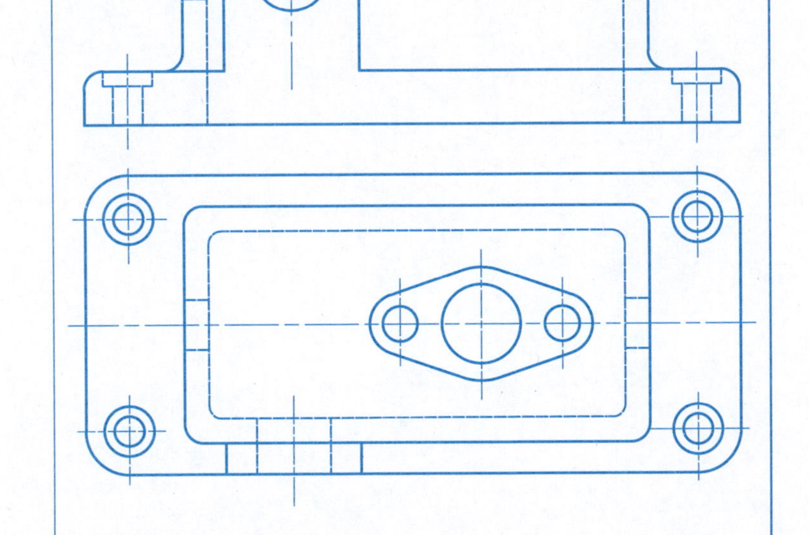

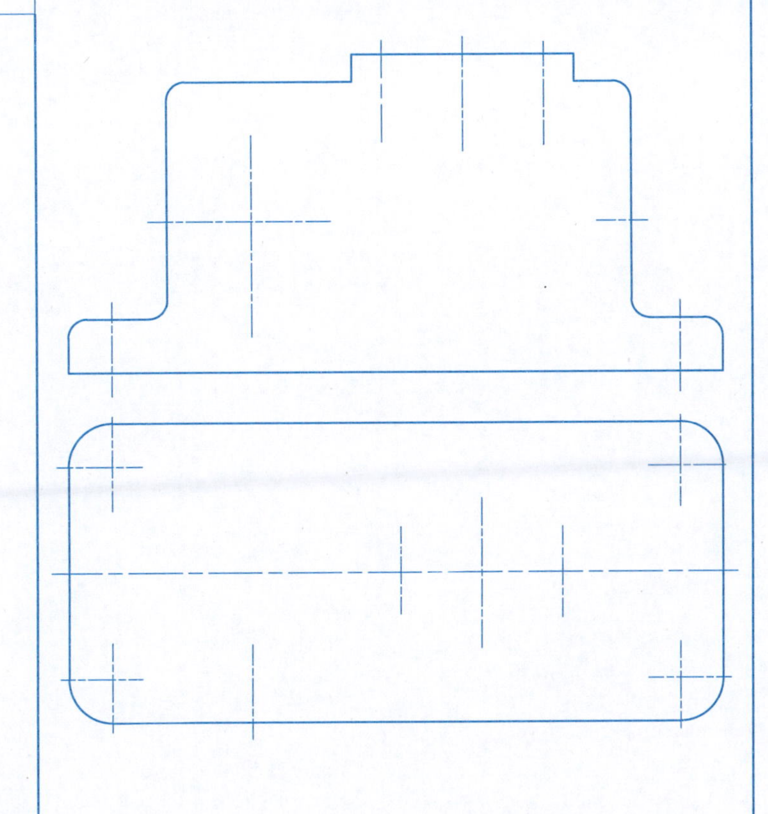

4. 在指定的位置将主、俯视图改画成适当的局部剖视图。

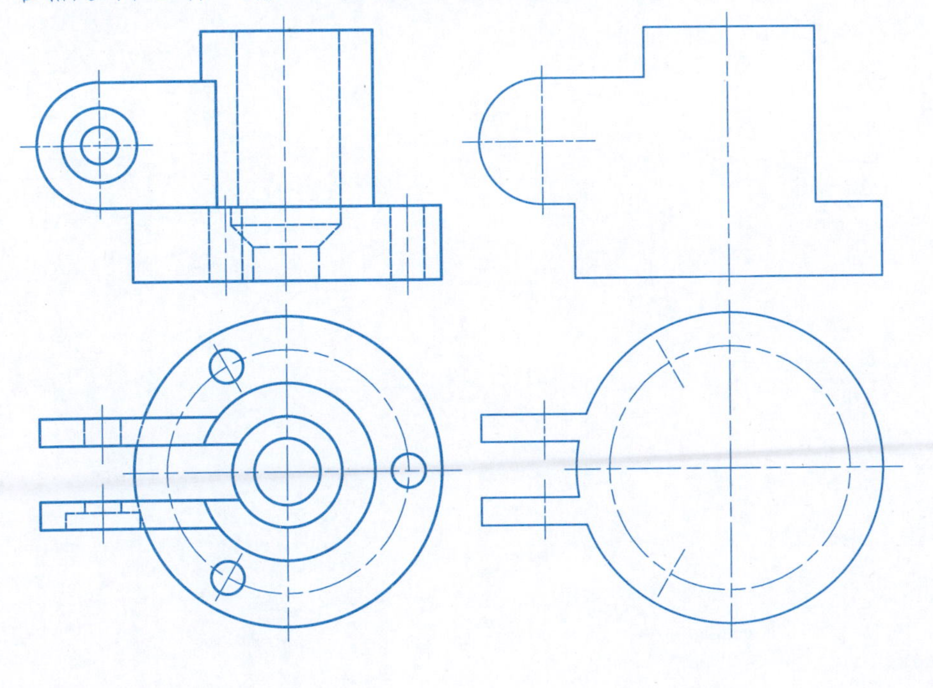

5. 在指定的位置将主视图改画成适当的局部剖视图。

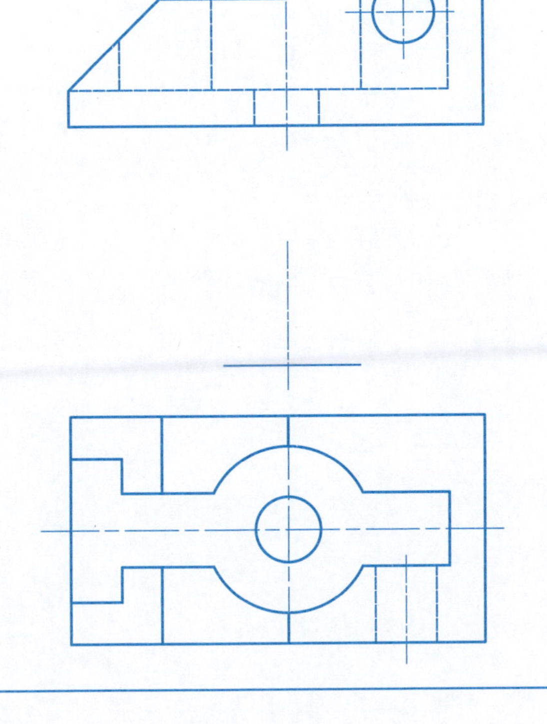

1. 选择合适的剖切平面，用阶梯剖的方法将主视图改画成全剖视图。

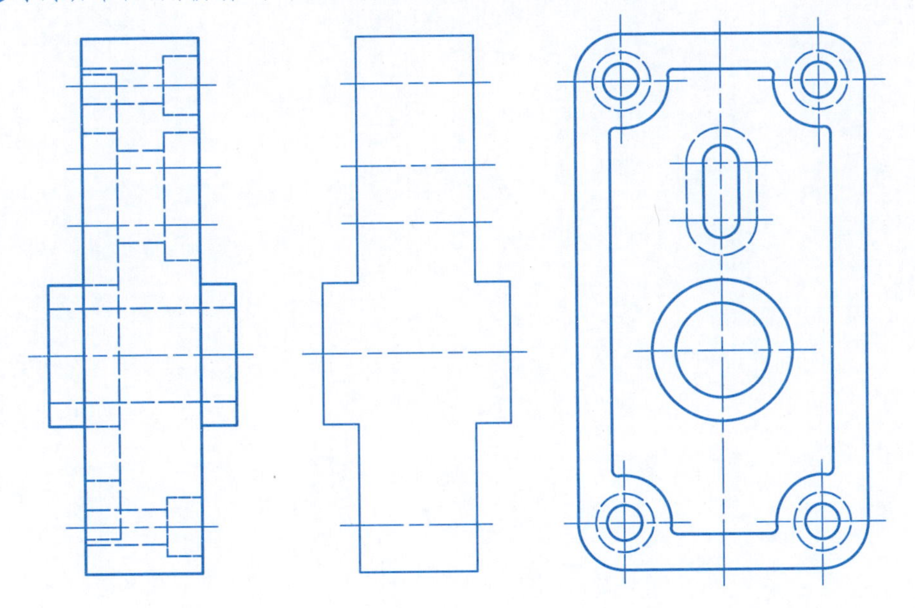

2. 选择合适的剖切平面，用阶梯剖的方法将主视图改画成全剖视图。

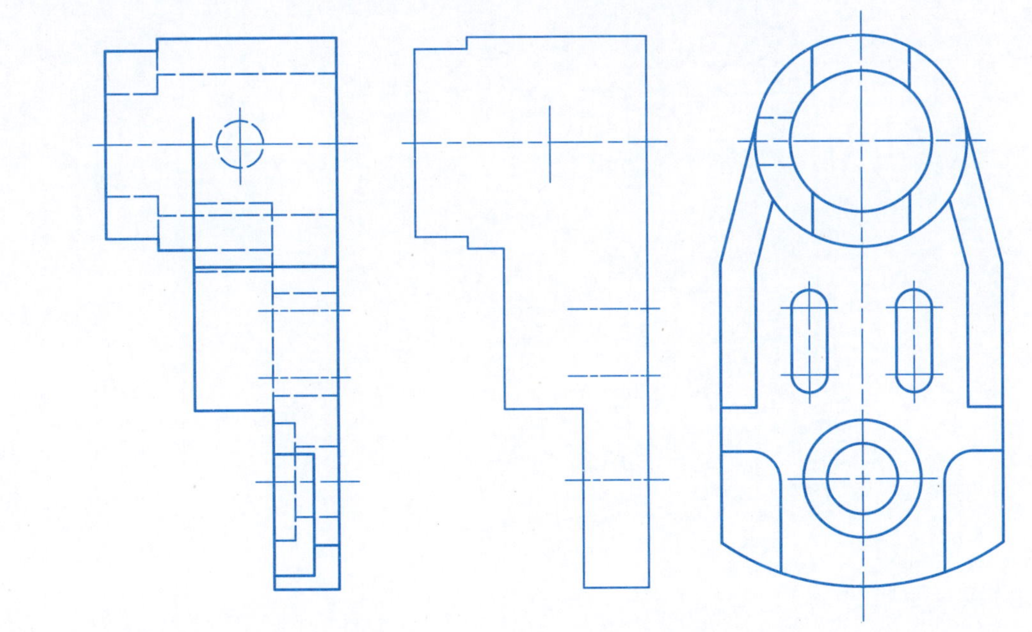

3. 选择合适的剖切平面，用旋转剖的方法将主视图改画成全剖视图。

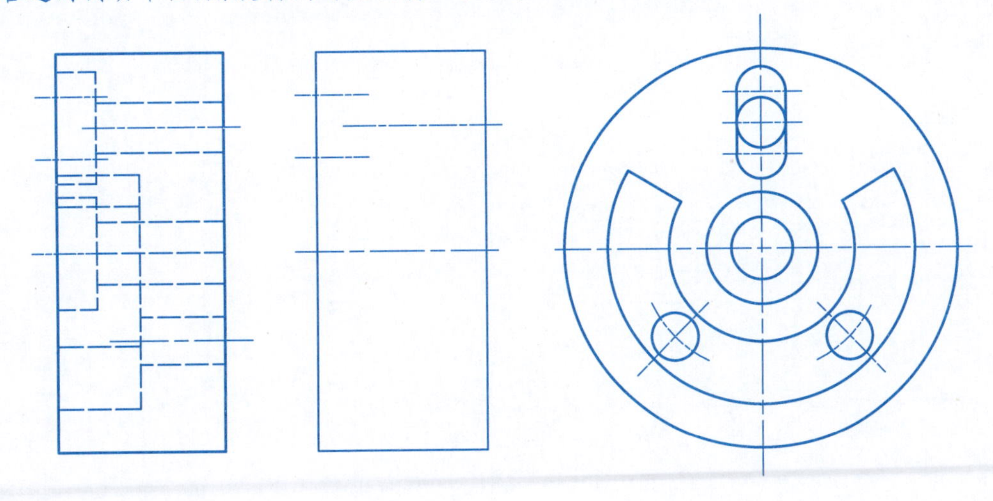

4. 选择合适的剖切平面，用旋转剖的方法将主视图改画成全剖视图。

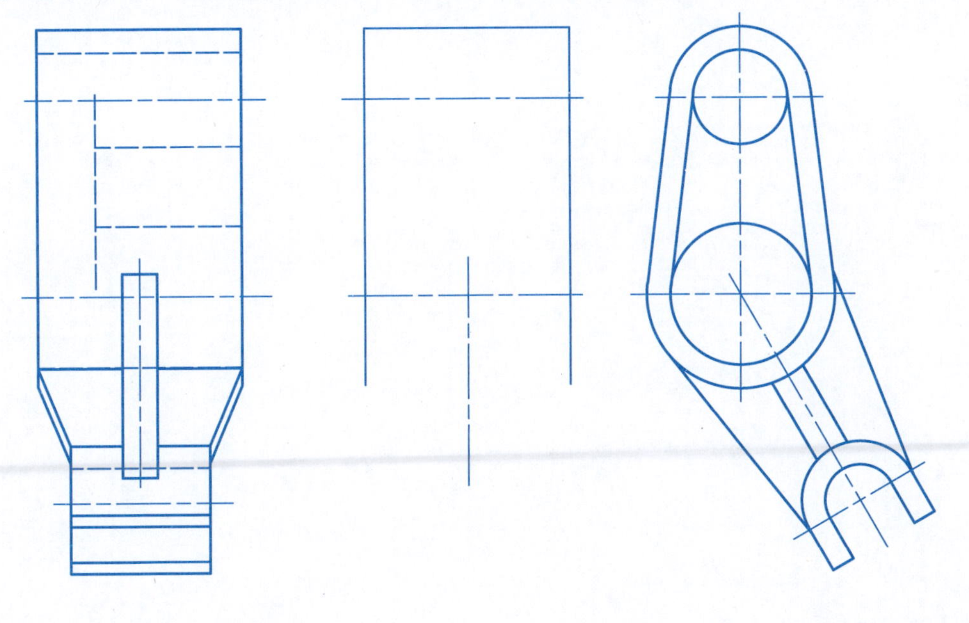

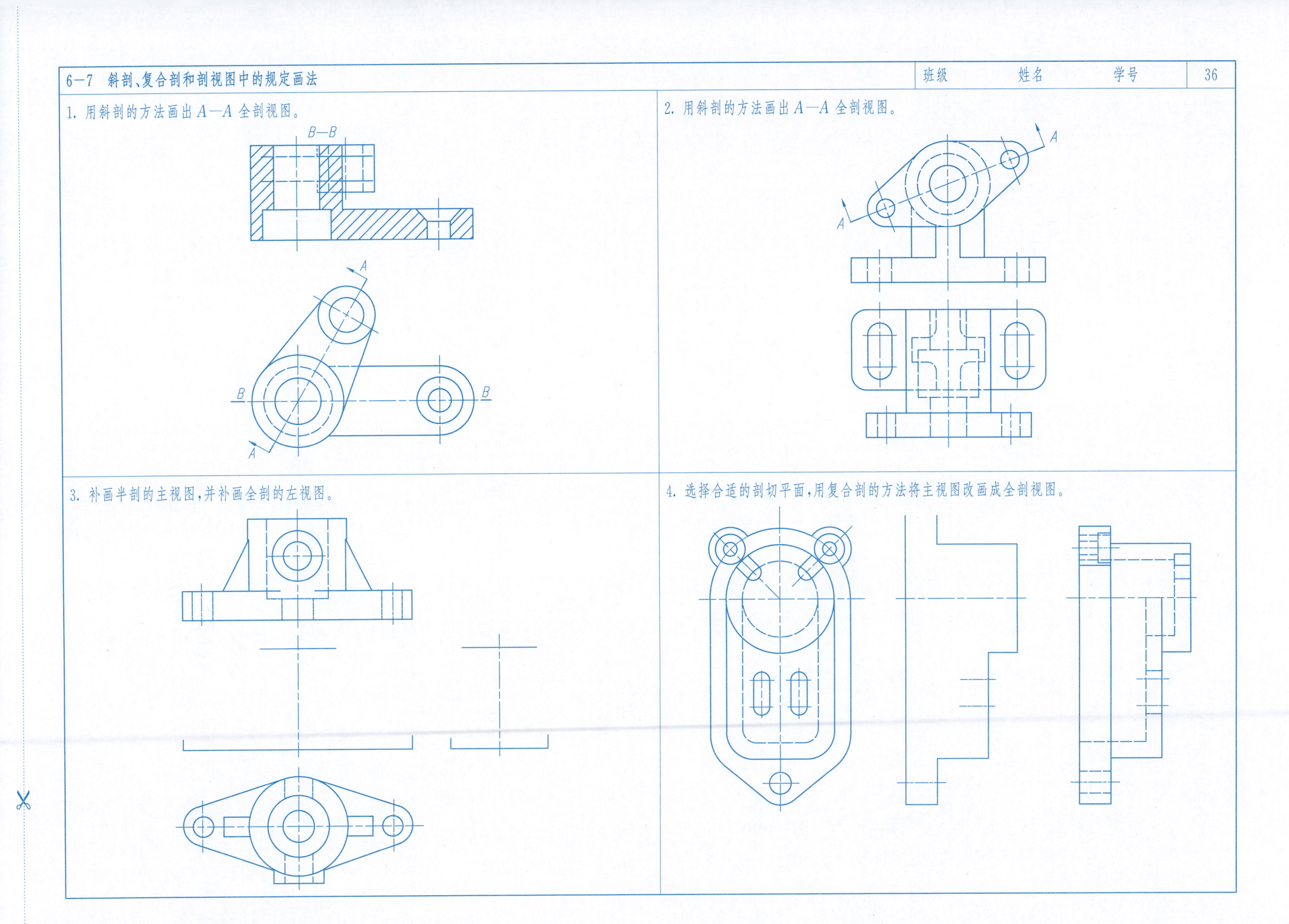
6-7 斜剖、复合剖和剖视图中的规定画法
班级
姓名
学号
36
1. 用斜剖的方法画出 A—A 全剖视图。
B—B
A
B
B
A
2. 用斜剖的方法画出 A—A 全剖视图。
A
A
3. 补画半剖的主视图，并补画全剖的左视图。
4. 选择合适的剖切平面，用复合剖的方法将主视图改画成全剖视图。

1. 作出轴上指定位置的断面图。

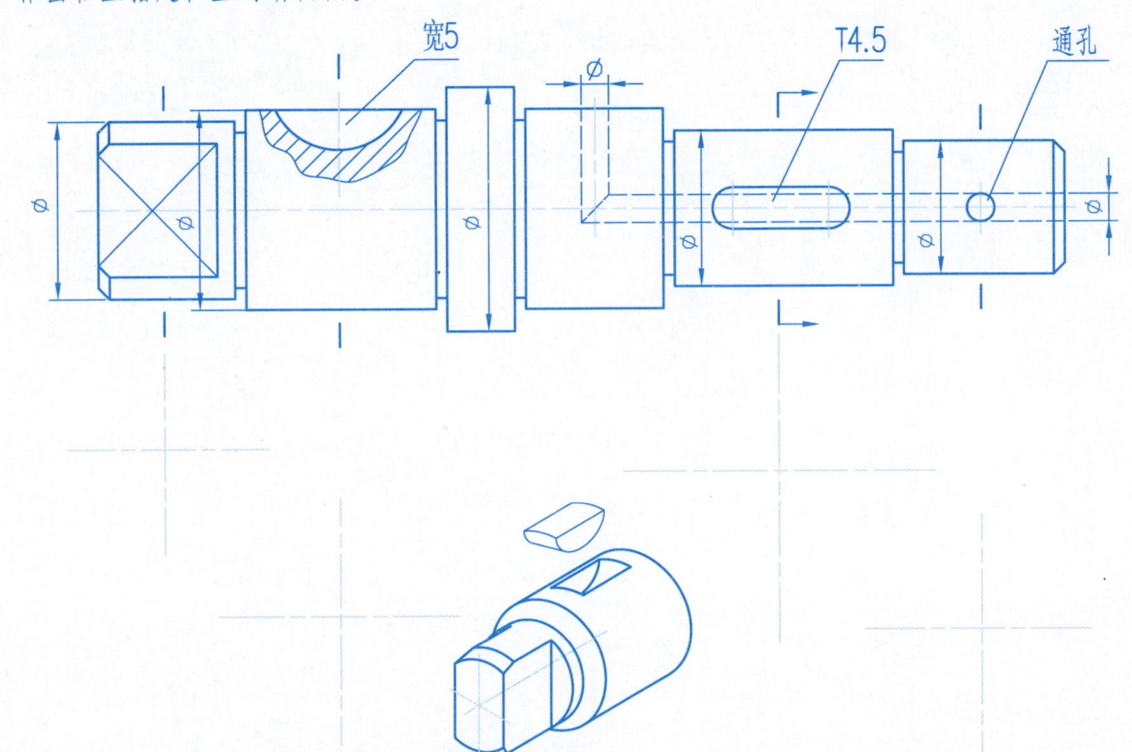

2. 在下列断面图中,你认为哪一个图形是正确的,就在该图上方加上对应的标注。

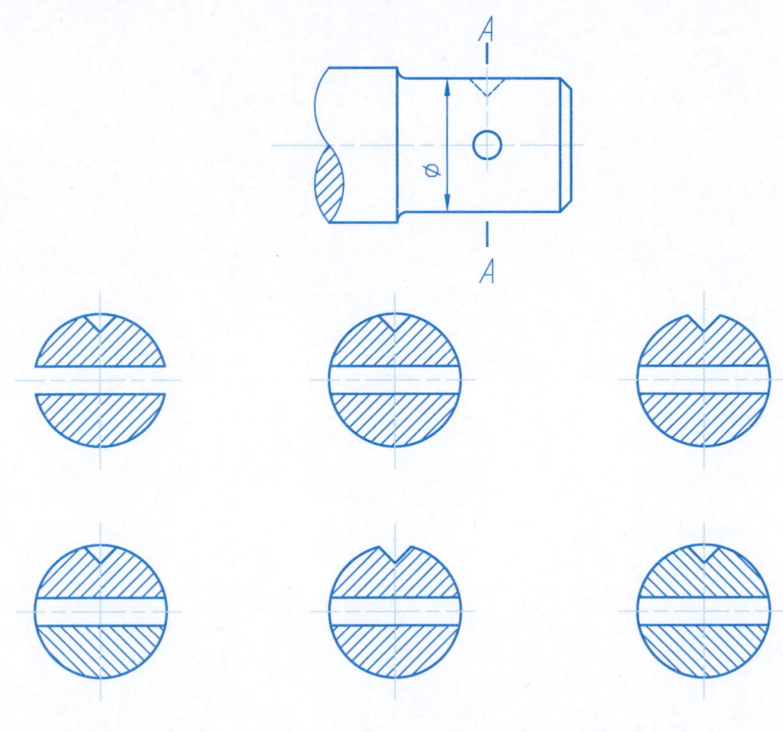

3. 作出指定位置的断面图。

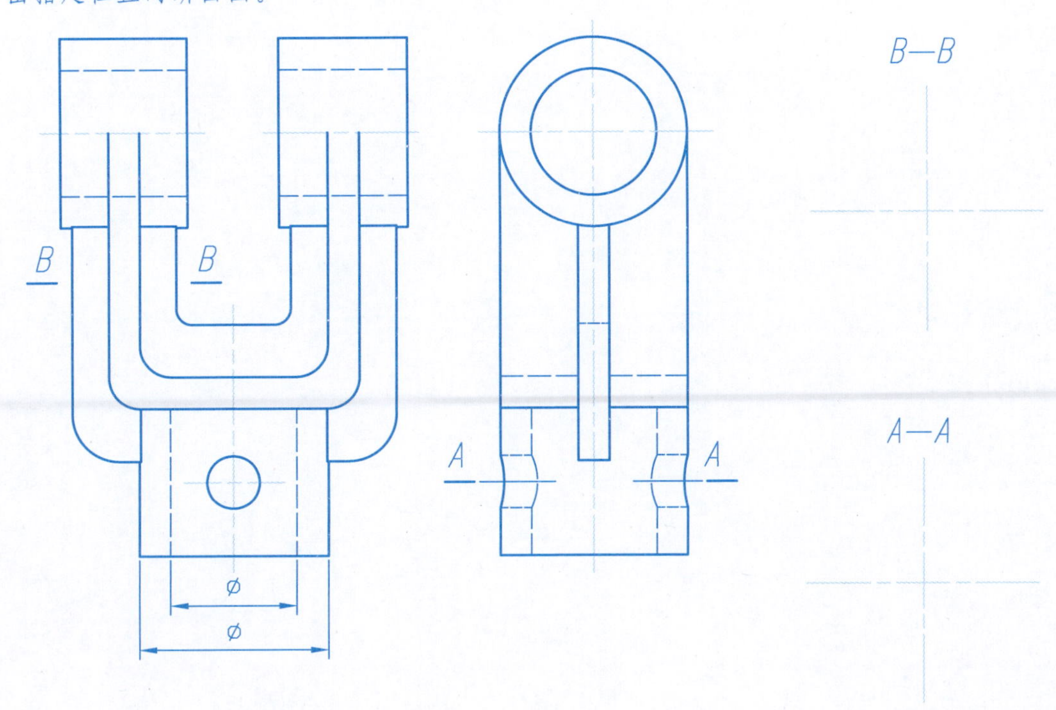

4. 作出指定位置的断面图。

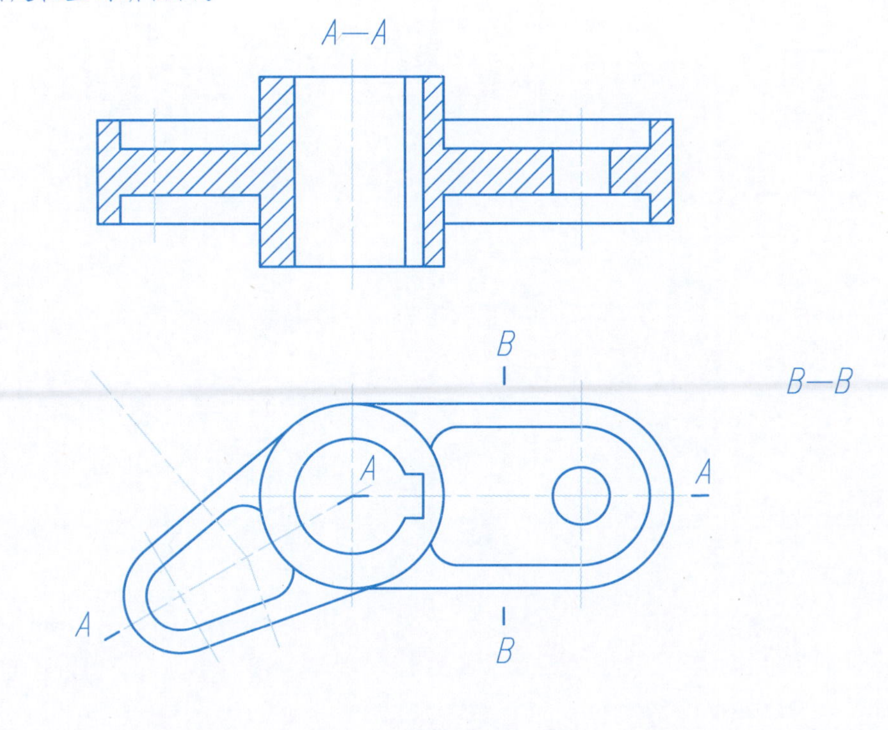

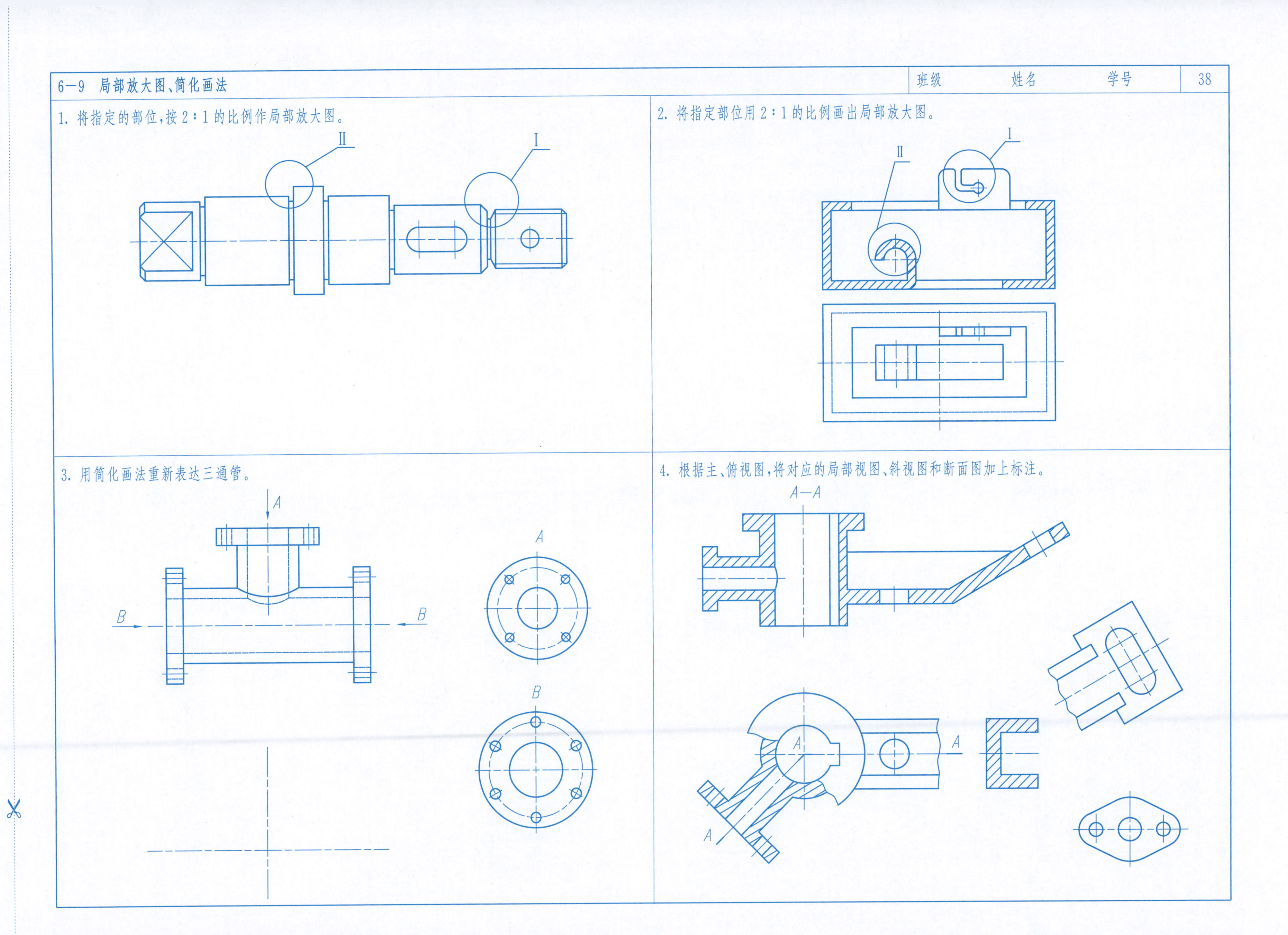
6-9 局部放大图、简化画法
班级
姓名
学号
38
1. 将指定的部位,按2:1的比例作局部放大图。
Ⅱ
Ⅰ
2. 将指定部位用2:1的比例画出局部放大图。
Ⅰ
Ⅱ
3. 用简化画法重新表达三通管。
A
B
B
A
B
4. 根据主、俯视图,将对应的局部视图、斜视图和断面图加上标注。
A—A
A
A
A

1. 根据轴测图,选用合适的表达方法(三视图、剖视图、断面图等)表达该机件(比例 1∶1)。

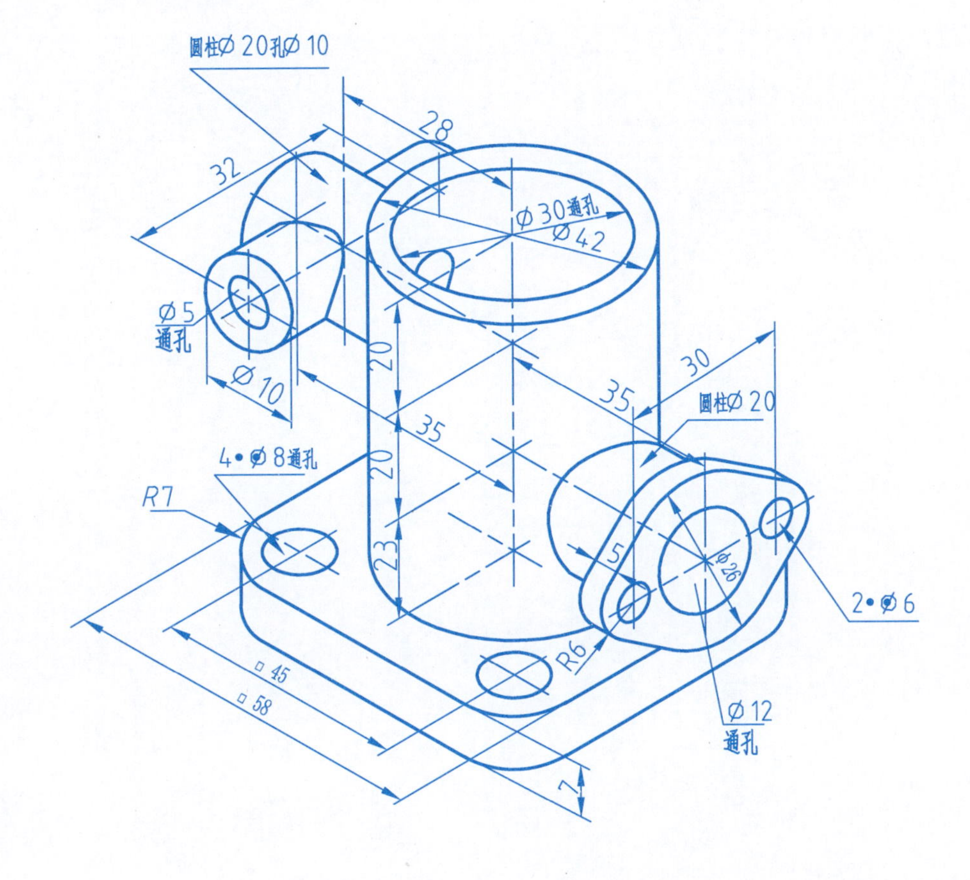

2. 根据已知视图,选用合适的表达方法在 A3 图纸上重新表达机件(比例 1∶1)。

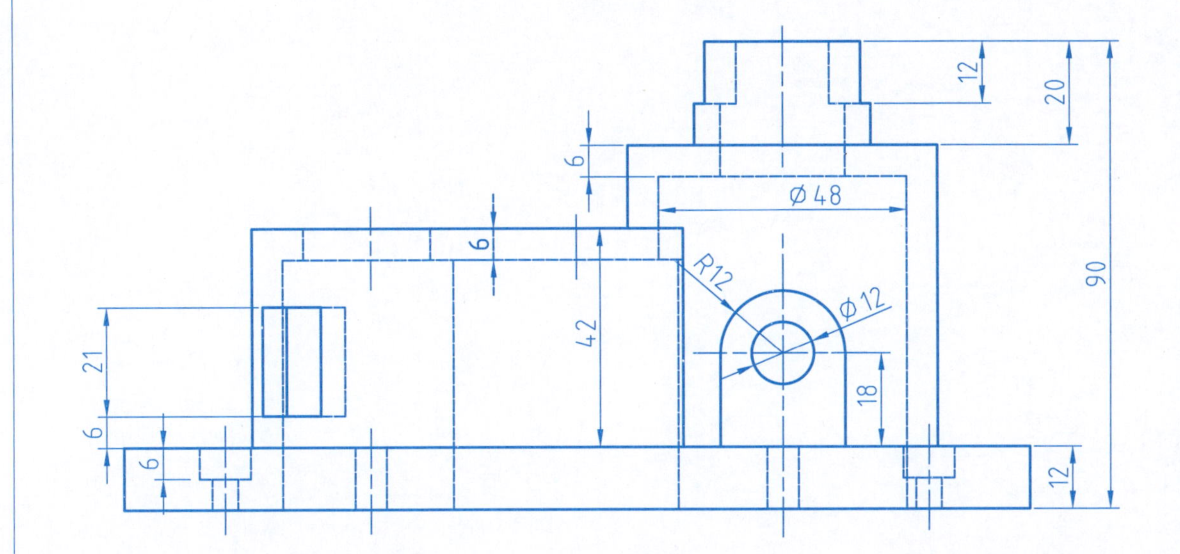

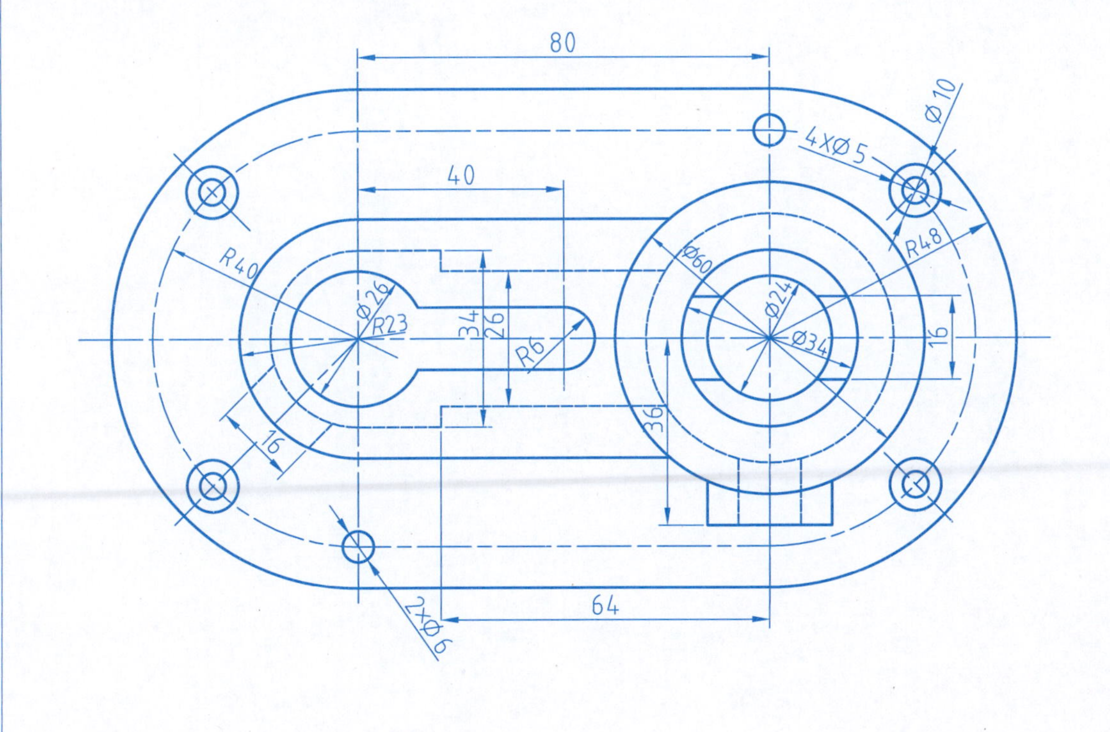

7-1　螺纹的规定画法、标记与标注(1)	班级	姓名	学号	40

1. 下图中正确的左视图是(　　)。

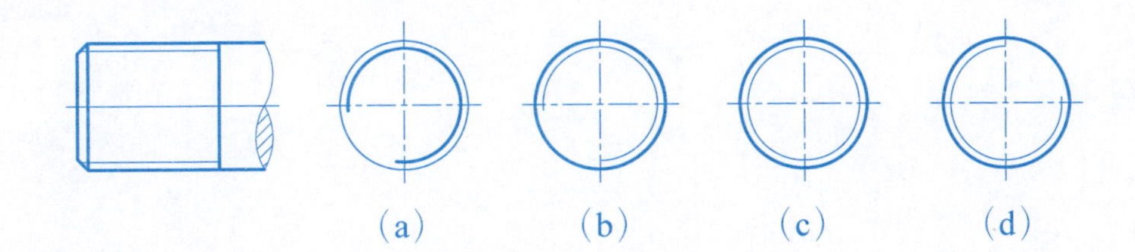

2. 下图中正确的螺纹画法是(　　)。

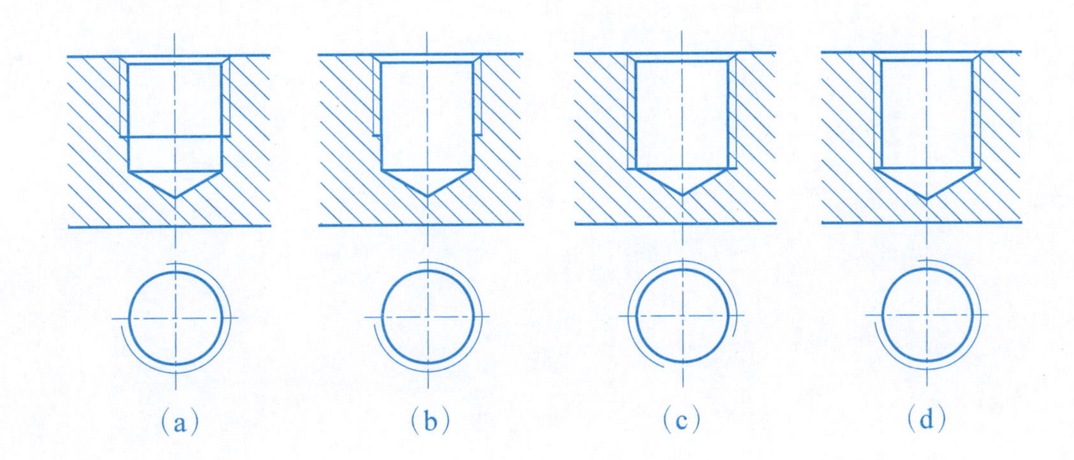

3. 下图中正确的螺纹画法是(　　)。

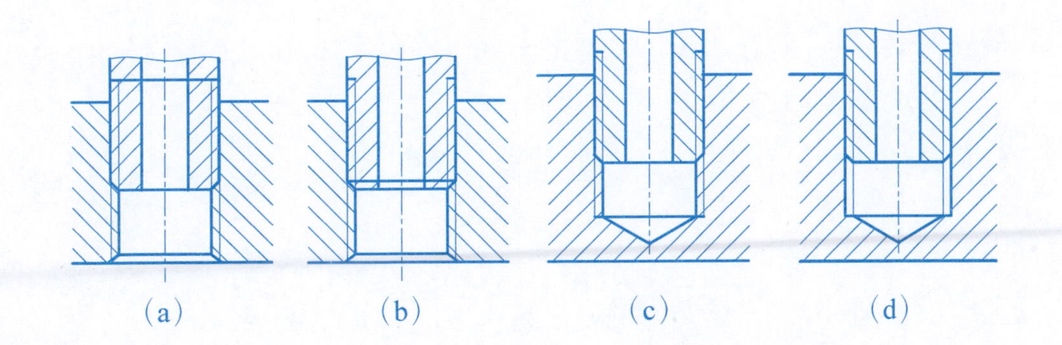

4. 写出螺纹标记，并选择螺纹进行标注。

(1) 粗牙普通螺纹，大径 20mm，螺距 2.5mm，右旋，中径/顶径的公差带代号都为 5g，旋合长度为 N。

标记：________________。

(2) 锯齿形螺纹，大径 20mm，螺距 8mm，线数 2，右旋，中径的公差带代号为 7H。

标记：________________。

(3) 梯形螺纹，大径 20mm，单线，螺距 8mm，左旋，旋合长度为 L。

标记：________________。

(4) 非螺纹密封的管螺纹，尺寸代号 1/2 英寸。

标记：________________。

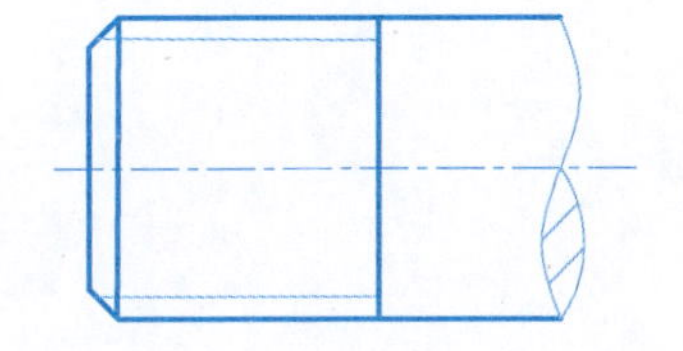

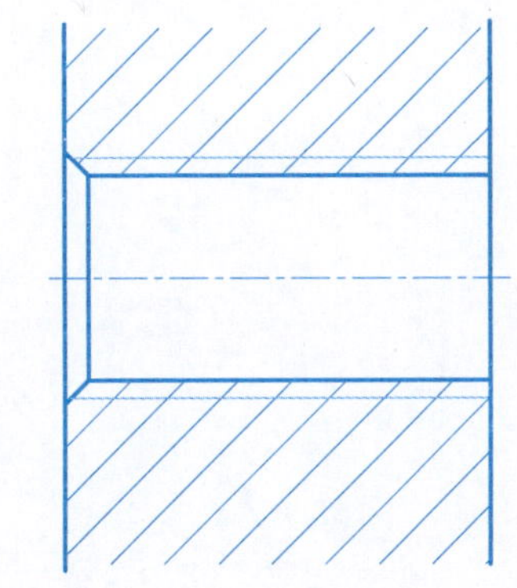

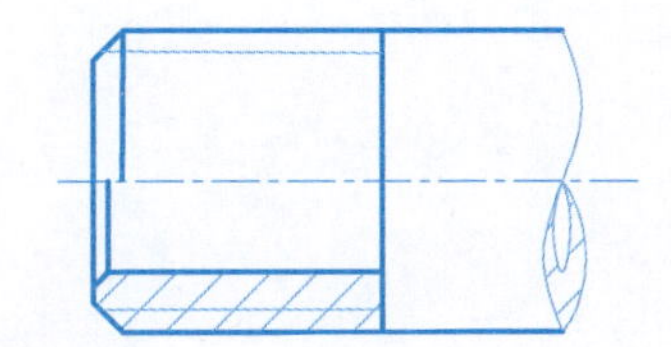

1. 改错。

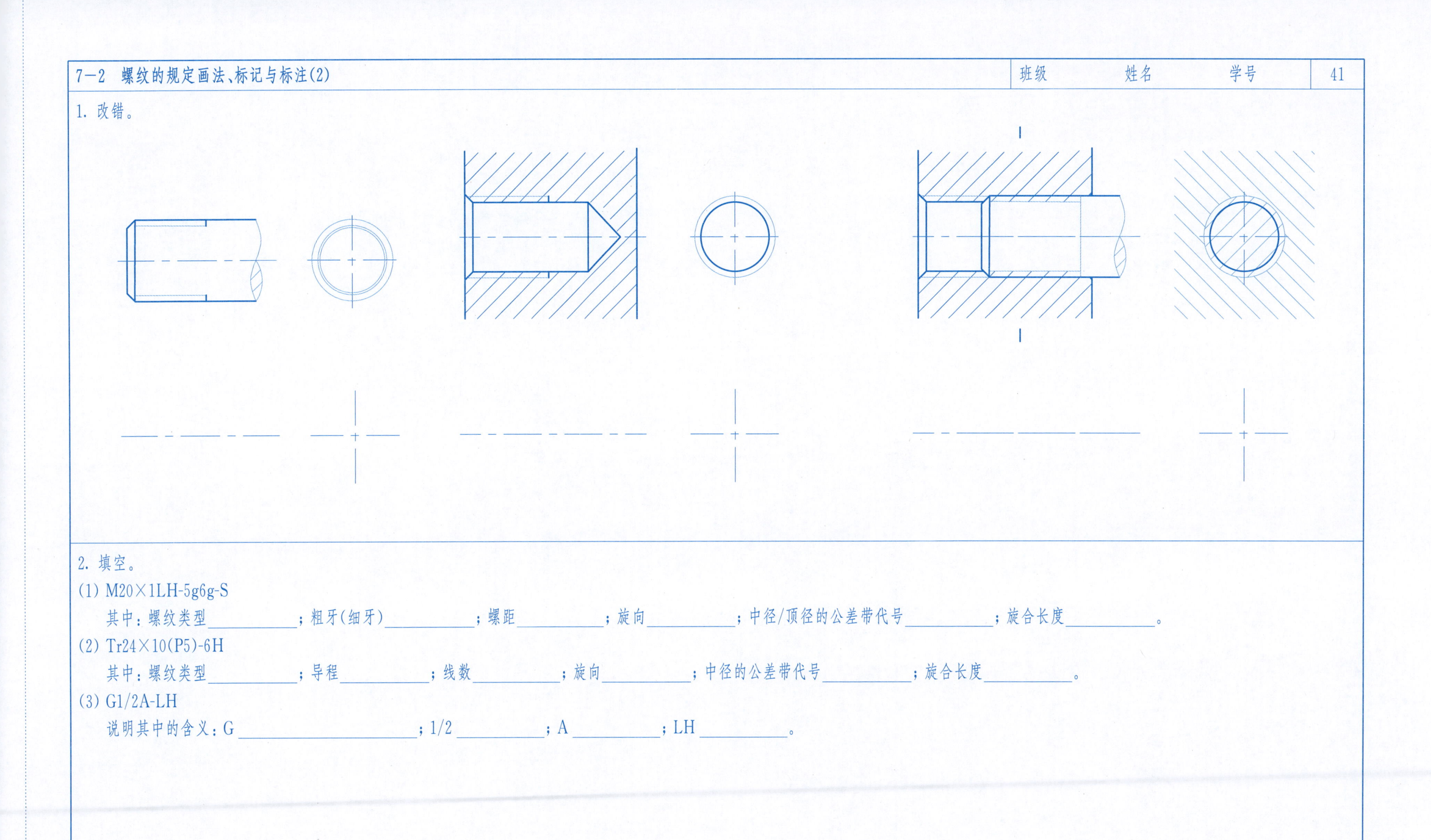

2. 填空。

(1) M20×1LH-5g6g-S

其中：螺纹类型________；粗牙(细牙)________；螺距________；旋向________；中径/顶径的公差带代号________；旋合长度________。

(2) Tr24×10(P5)-6H

其中：螺纹类型________；导程________；线数________；旋向________；中径的公差带代号________；旋合长度________。

(3) G1/2A-LH

说明其中的含义：G____________；1/2________；A________；LH________。

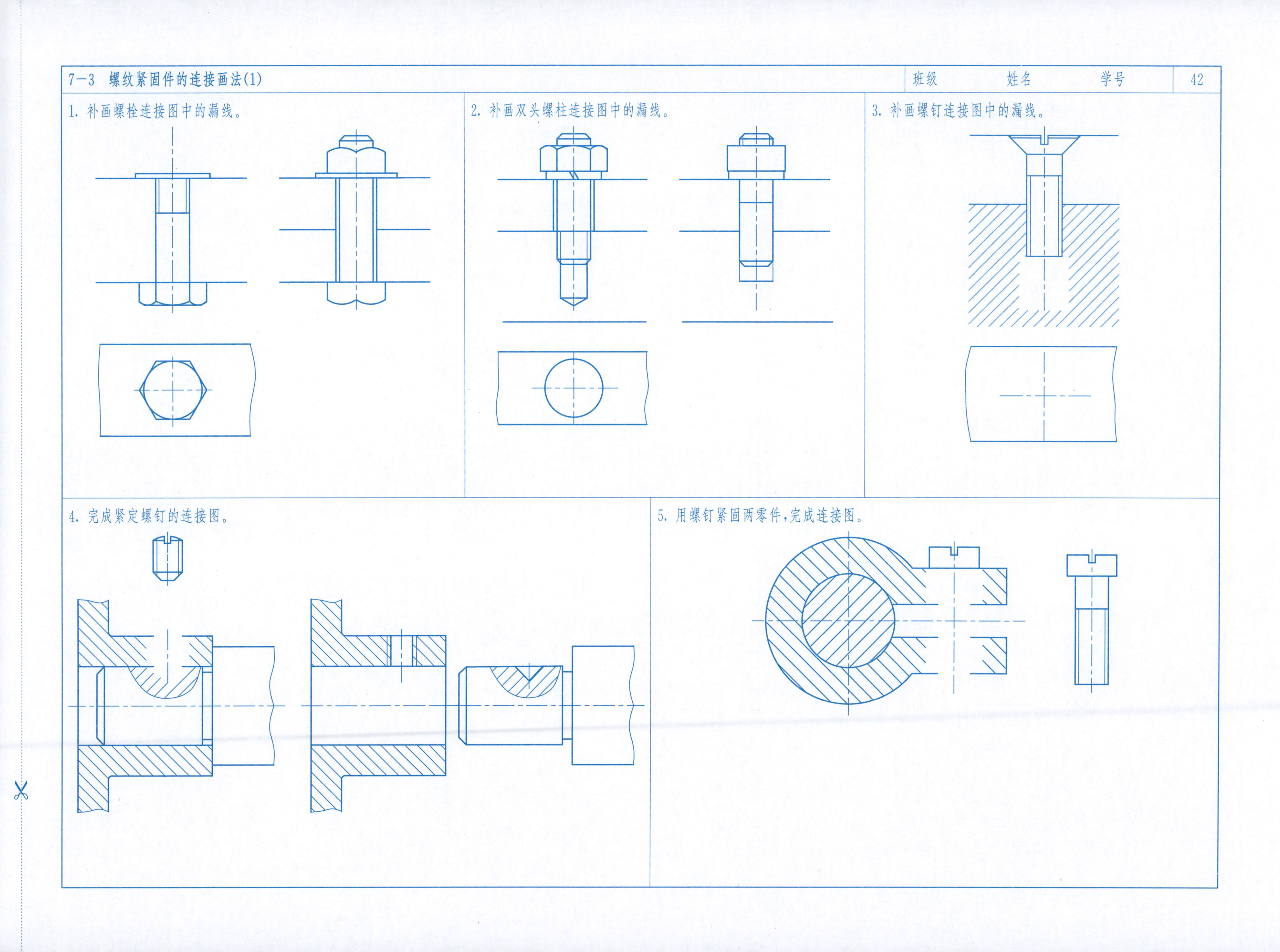
1. 补画螺栓连接图中的漏线。
2. 补画双头螺柱连接图中的漏线。
3. 补画螺钉连接图中的漏线。
4. 完成紧定螺钉的连接图。
5. 用螺钉紧固两零件,完成连接图。

1. 用比例画法画出螺栓、螺柱、螺钉连接的主、俯视图(倒角省略不画),并写出螺纹紧固件的标记(计算并确定螺栓、螺柱、螺钉的公称长度)。
   其中,螺栓、螺柱的连接图用1∶2的比例绘制;螺钉的连接图用1∶1的比例绘制。

(1) 螺栓大径M24,被连接件厚度40mm、35mm,平垫圈。

标记:______________;
______________;
______________。

(2) 螺柱大径M24,连接盖厚40mm,机体材料为铸钢,弹簧垫圈。

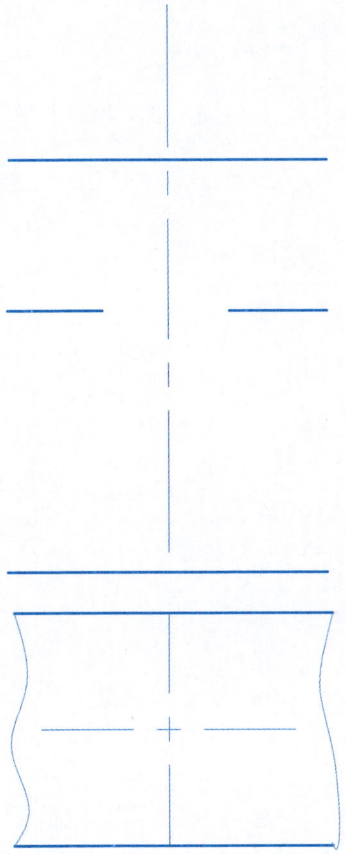

标记:______________;
______________;
______________。

(3) 沉头螺钉大径M10,光孔件厚20mm,机体材料为铸铁。

标记:______________。

2. 将上述螺栓、螺柱、螺钉连接的主、俯视图(倒角省略不画)画在A3图纸上。
(1) A3图纸横放;
(2) 螺栓、螺柱连接图按1∶1比例作图,螺钉连接图按2∶1比例作图;
(3) 图名:螺纹紧固件连接。

1. 用 A 型普通平键，将轴与轮连接起来，用 1∶1 的比例完成下列各图，并写出键的标记。

(1) 完成轴上键槽的图形，并标注尺寸。

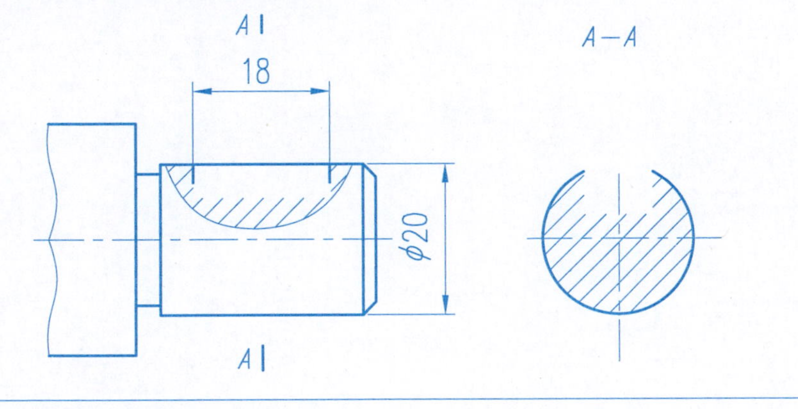

(2) 完成轮毂键槽的图形，并标注尺寸。

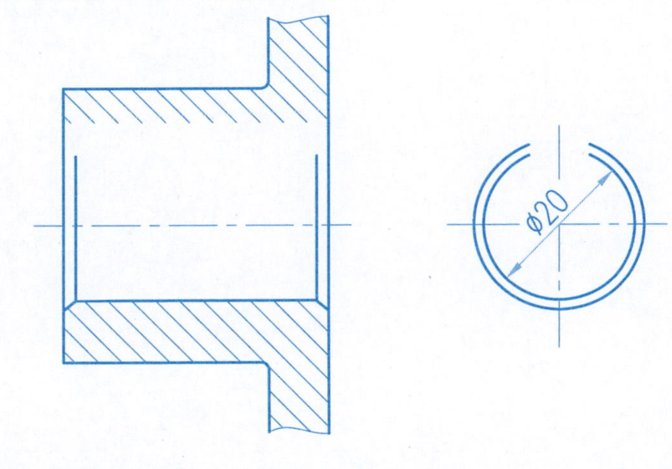

(3) 完成键的连接图，并作 A—A 断面图。

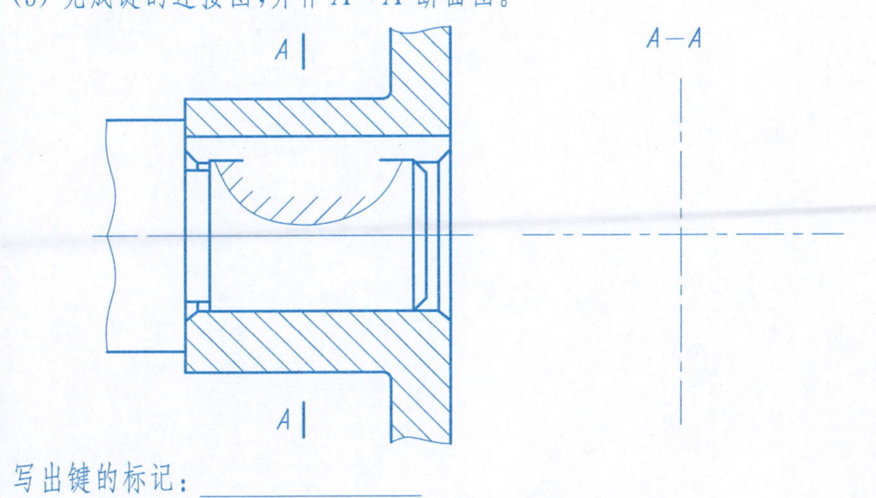

写出键的标记：________

2. 用 ϕ8 的圆柱销连接轴和轮，画出连接图，并写出销的标记。

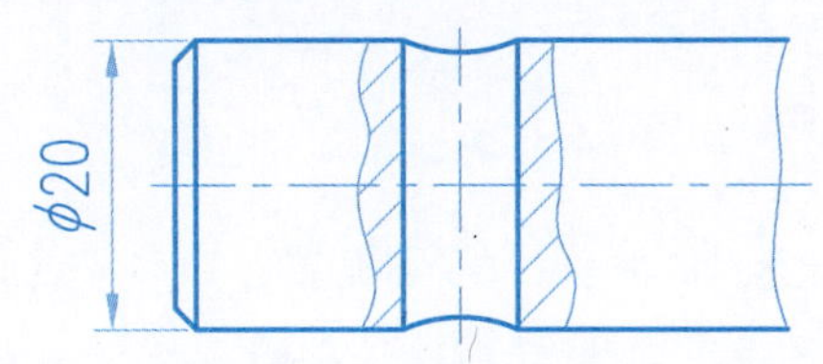

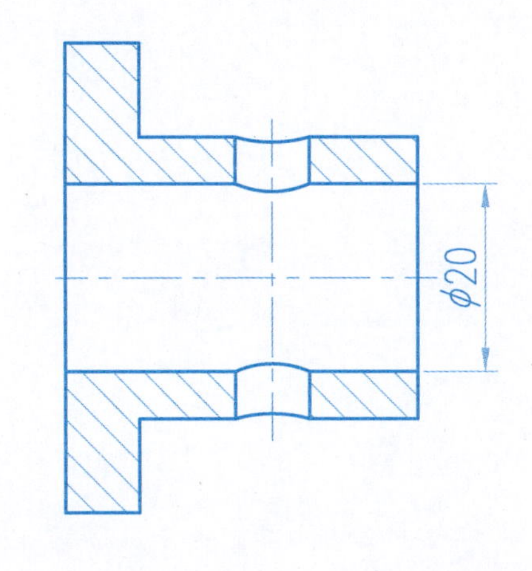

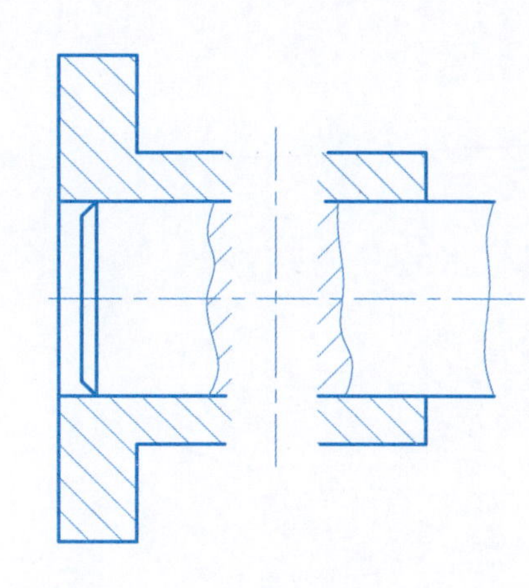

写出销的标记：________

3. 用 ϕ6 的圆锥销连接下图两零件，画出连接图，并写出销的标记。

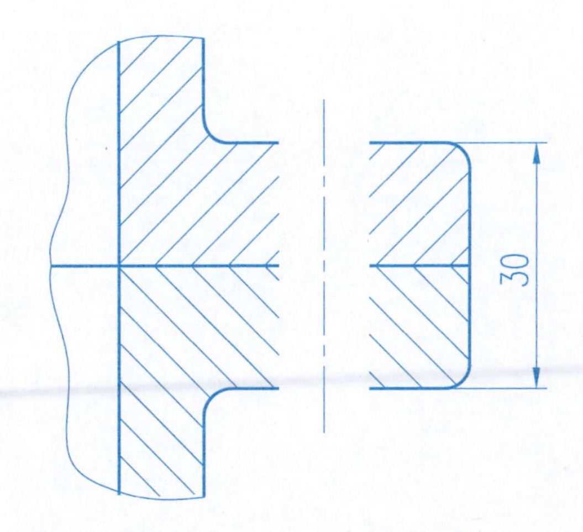

写出销的标记：________

4. 用比例画法绘制滚动轴承 6206，标注尺寸，并说明 6206 的含义。

6206

1. 已知一直齿圆柱齿轮，$m=3\text{mm}$，$z=20$，计算齿轮有关尺寸填入右侧表格，并完成齿轮的两视图，轮齿端部的倒角为 1.5×45°。

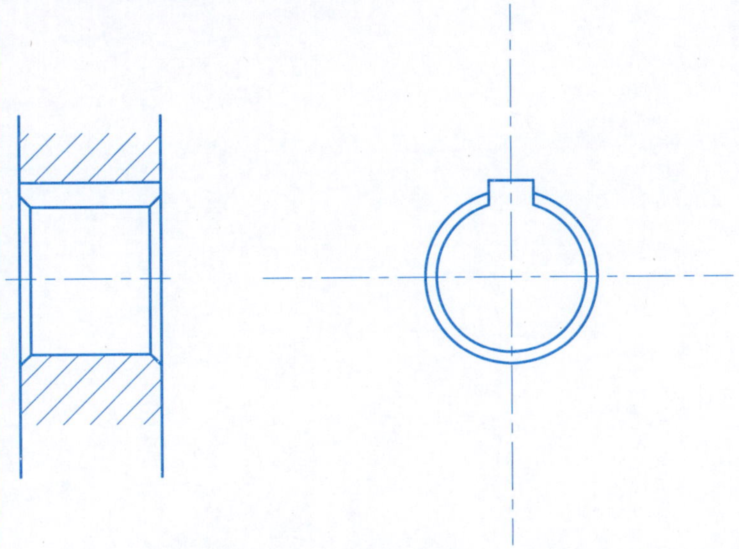

齿顶圆直径 d_a	
分度圆直径 d	
齿根圆直径 d_f	
齿顶高 h_a	
齿根高 h_f	
齿高 h	

2. 已知直齿圆柱齿轮的模数为 2.5mm，找出图中的错误，并在下方正确绘制。(无倒角)

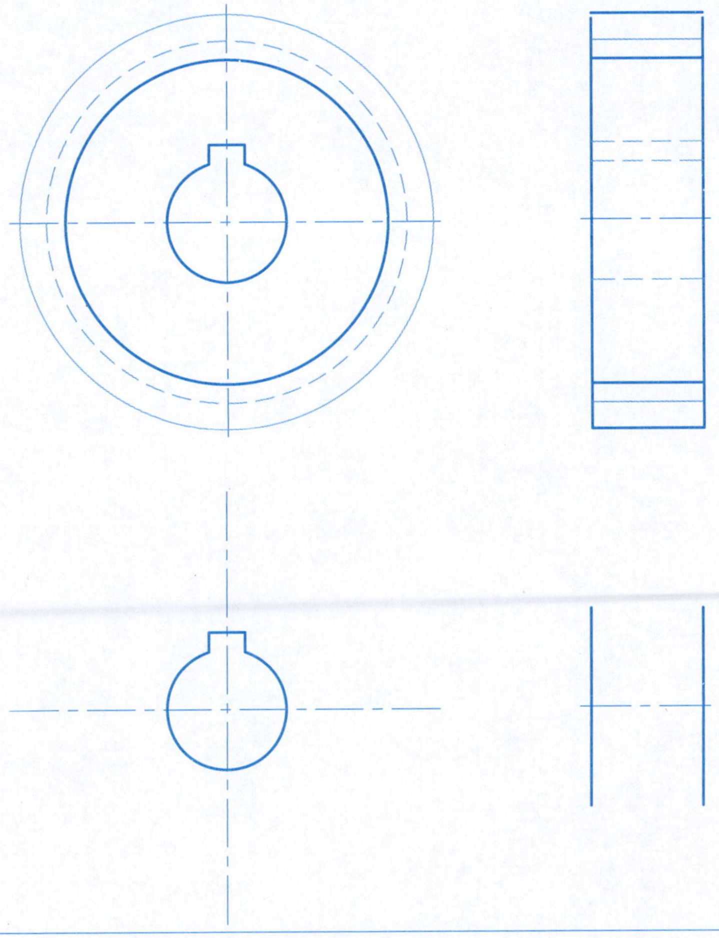

3. 已知一对直齿圆柱齿轮，模数为 3mm，补画齿轮啮合图中的漏线。(无倒角)

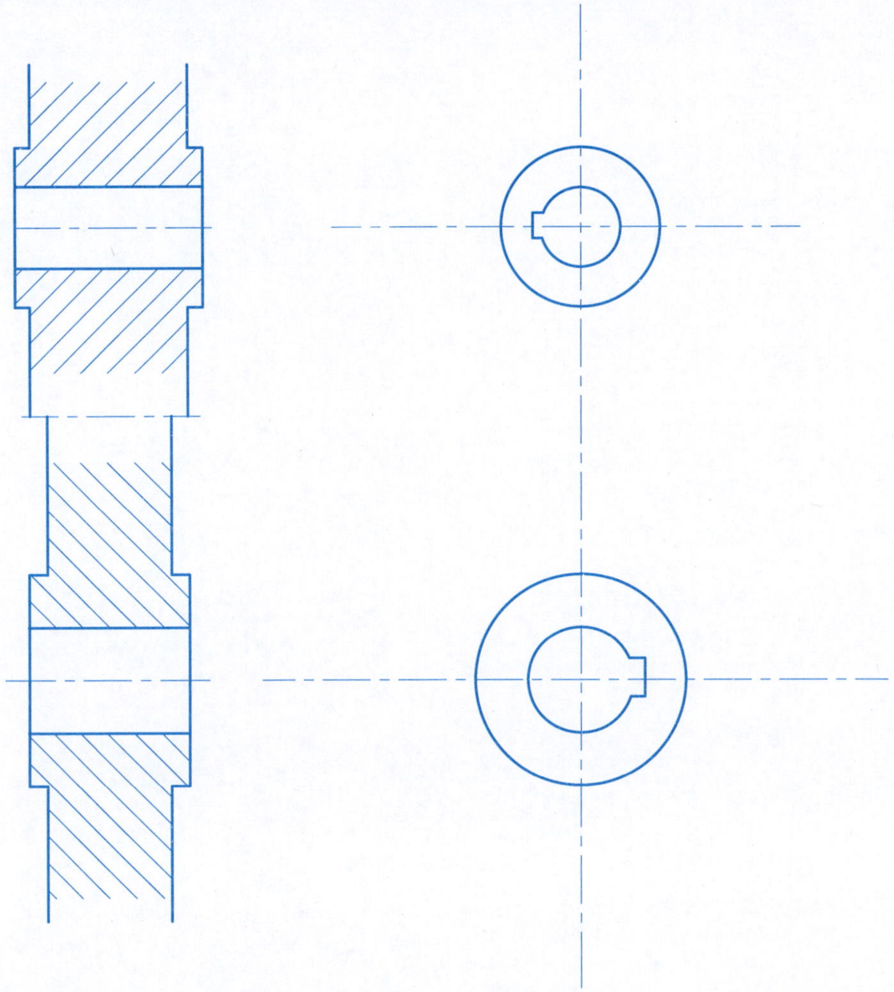

4. 绘制圆柱螺旋压缩弹簧的视图。外径 $D=40\text{mm}$，簧丝直径 $d=6\text{mm}$，节距 $t=10\text{mm}$，支承圈数 2.5，总圈数 11.5，有效圈数 9，右旋。

8-1　零件测绘与零件图绘制　　班级　　姓名　　学号　　

1. 根据零件轴测图或实物，测绘零件草图，整理成零件图。

(1) 根据零件的作用和结构特点，选择适当的表达方法，确定零件的表达方案；

(2) 目测按大致比例徒手绘制零件草图(草图非潦草之图，只是徒手绘制代替尺规等工具绘制)；

(3) 认真检查、修改零件草图，画出零件工作图；

(4) A3 图纸，比例自定；

(5) 图名：零件名称。

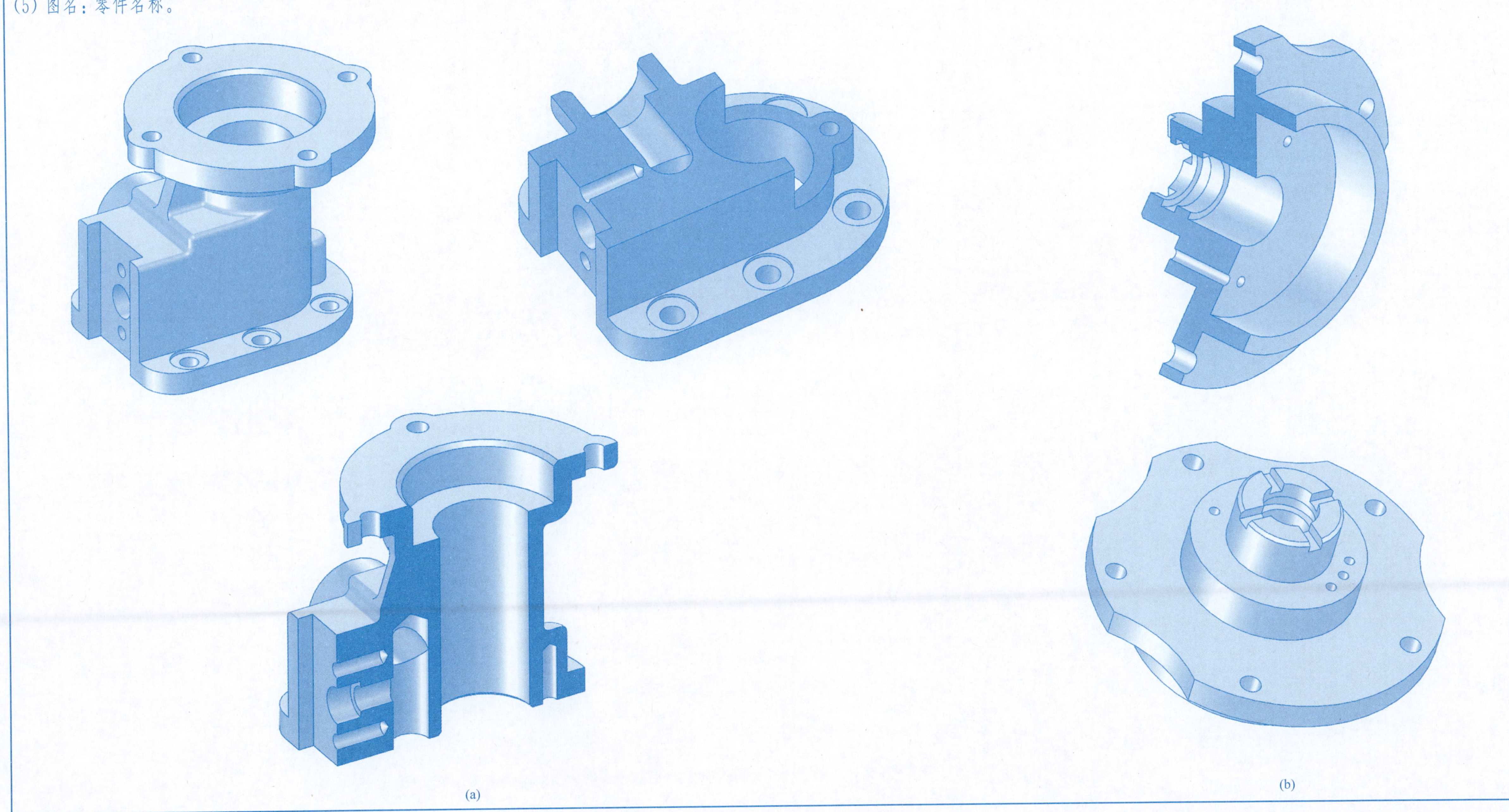

(a)　　(b)

1. 分析下图(a)轴类零件尺寸标注的错误,并在右图(b)正确标注。

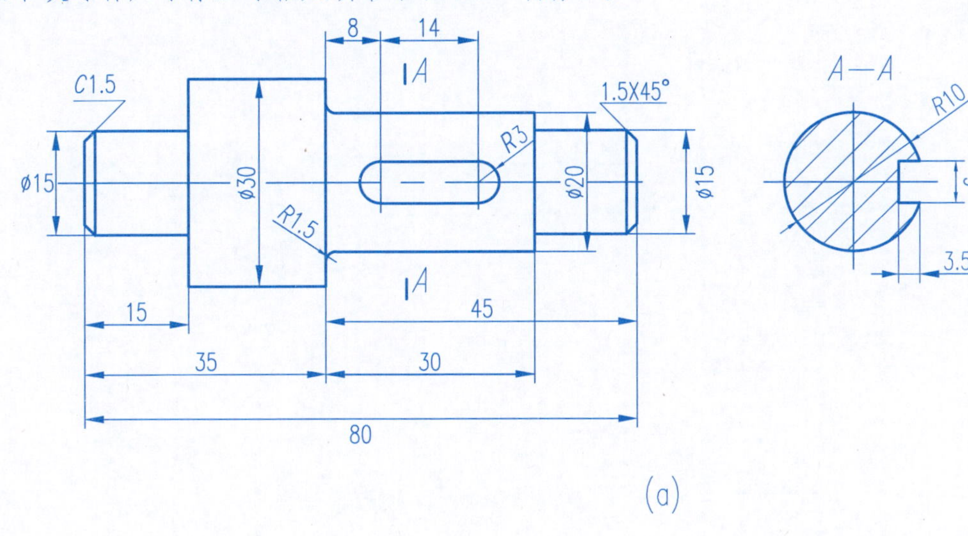

(a)

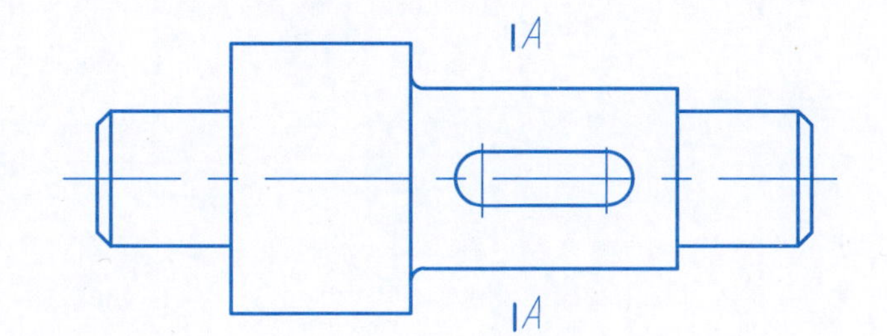

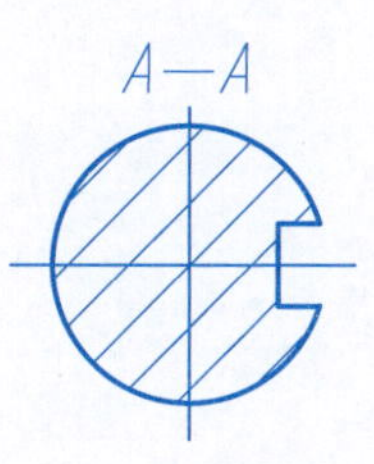

(b)

2. 标注支架零件的尺寸。

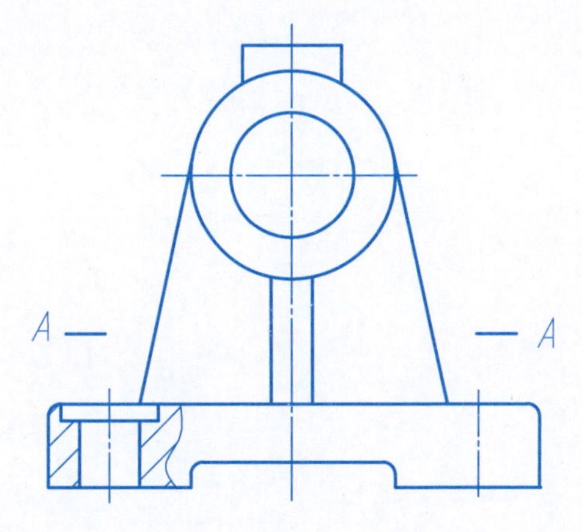

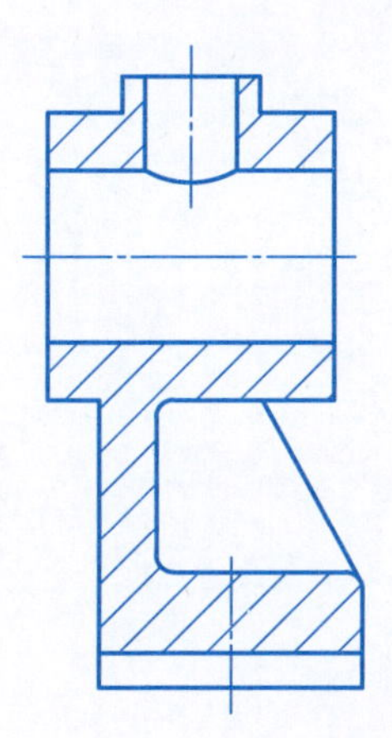

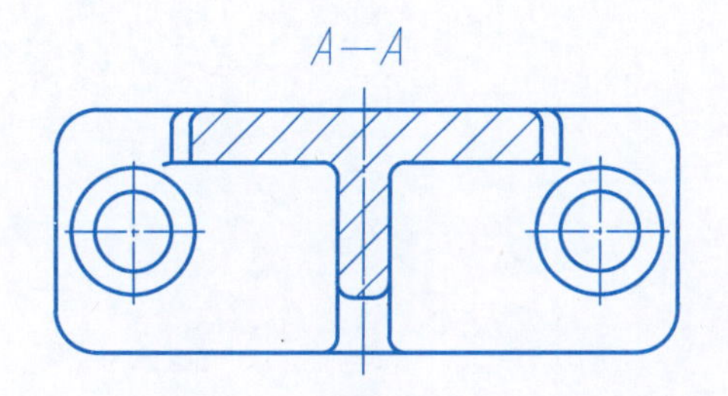

1. 说出下列符号的含义。

2. 分析图中表面粗糙度标注的错误，在右图正确标注。

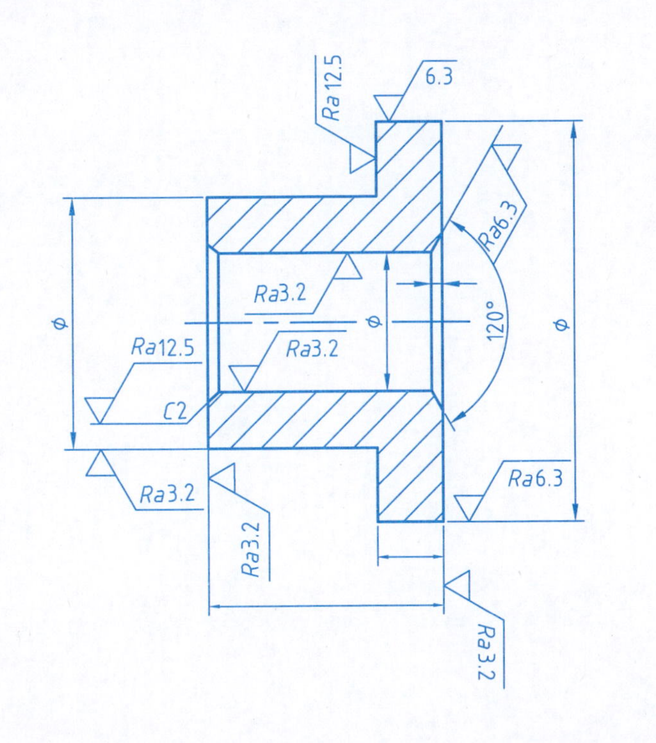

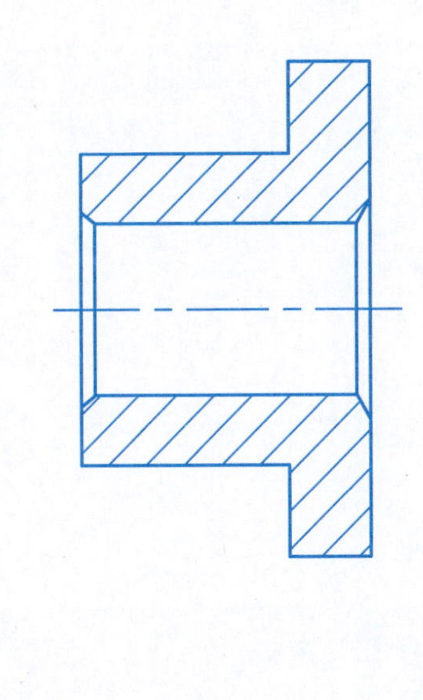

3. 齿轮工作面的 Ra 上限值为 0.8μm，轴孔和键槽两侧面的 Ra 上限值为 3.2μm，键槽底的 Ra 上限值为 6.3μm，其余 Ra 上限值为 12.5μm，在下图正确标注表面粗糙度。

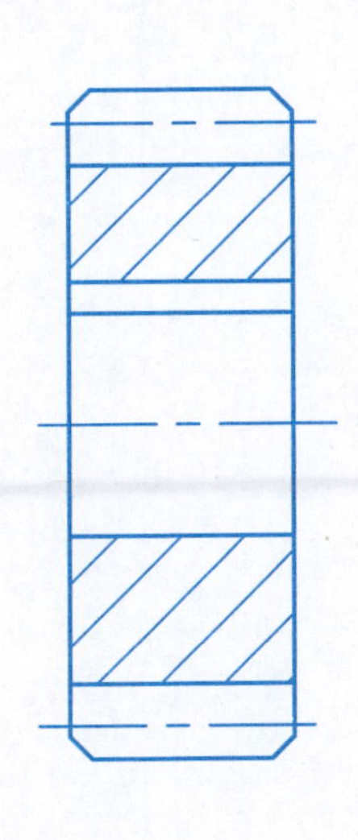

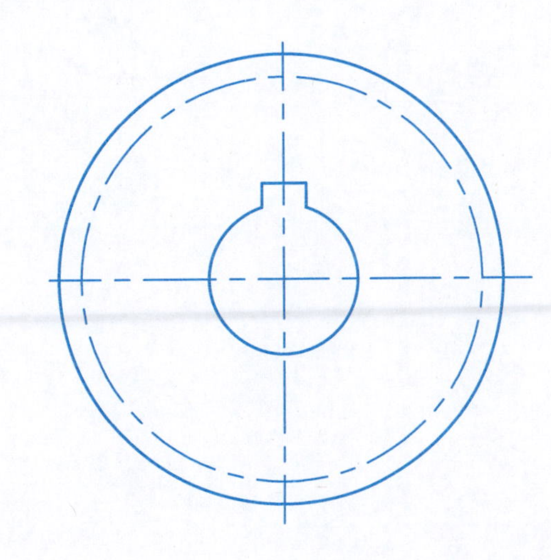

4. 按要求在右图的对应表面标注表面粗糙度。

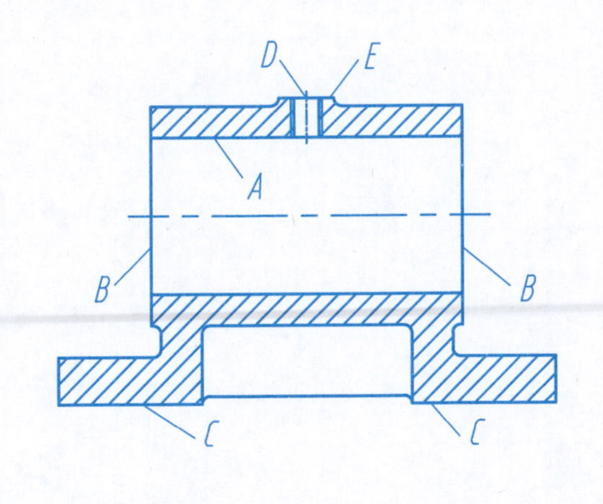

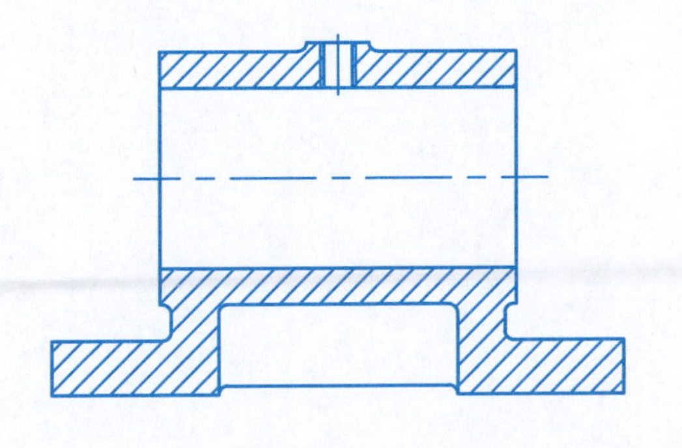

表面	A	B、E	C	D（螺纹孔）	其余表面
表面结构要求（单位 μm）	Ra3.2	Ra6.3	Ra12.5	Ra1.6	毛坯面

1. 根据零件图的标注,在装配图中注出配合代号,并回答问题。

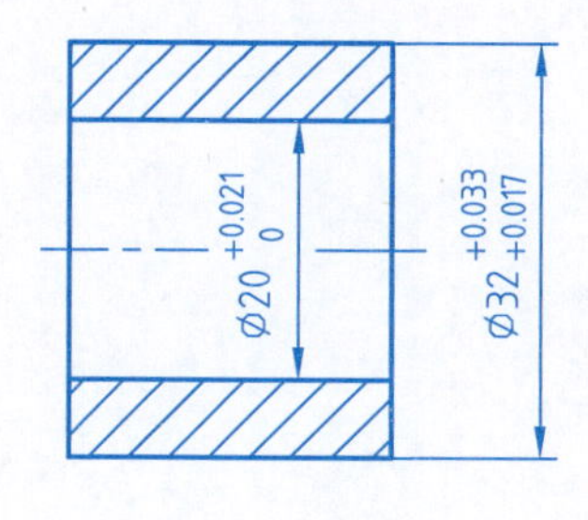

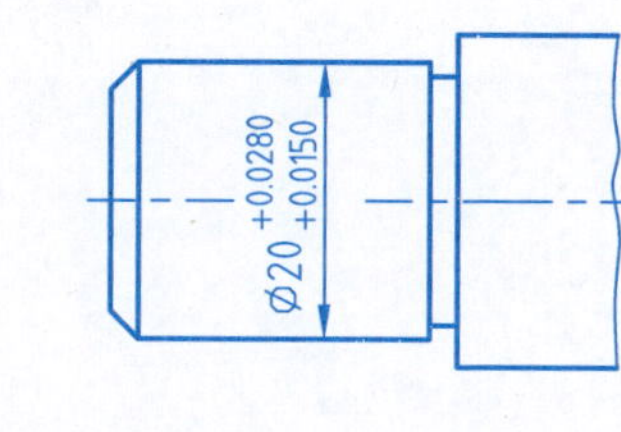

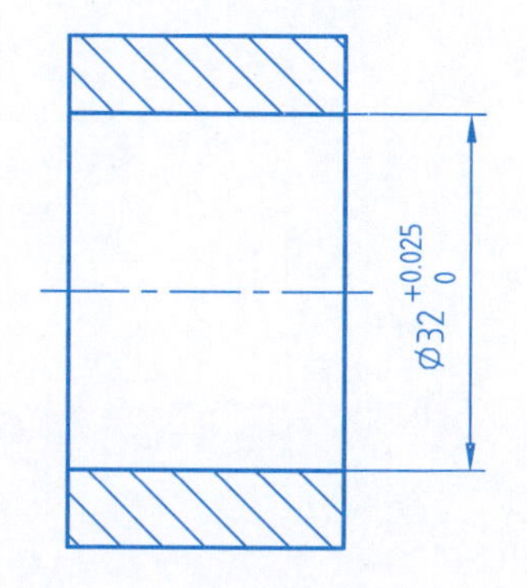

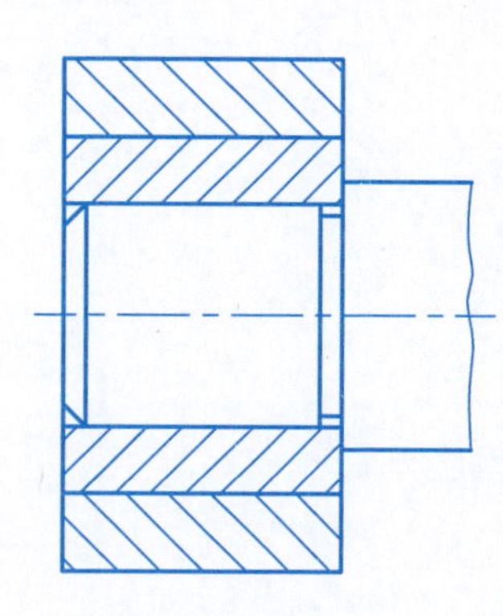

(1) $\phi 20^{+0.021}_{0}$ 中:基本尺寸_____,上偏差_____,下偏差_____,公差_____,基本偏差代号_____,公差等级_____。

(2) 在下方空白区画出基本尺寸为 $\phi 20$ 的孔和轴的公差带简图,并判断是什么配合_____,计算最大间隙_____最大过盈_____。

2. 根据装配图中标注的配合尺寸,在各零件图中注出对应结构的尺寸(查表注出上下偏差值),并回答问题。

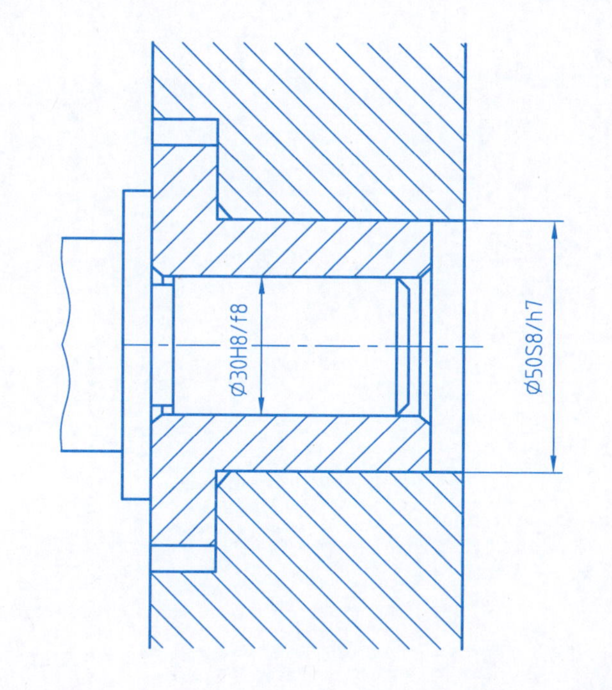

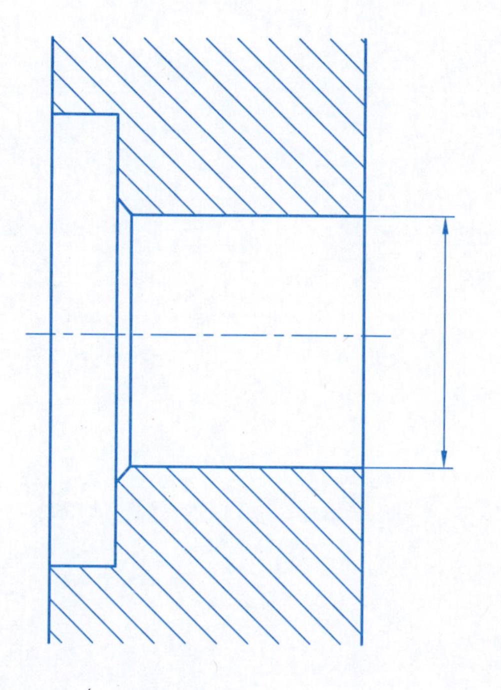
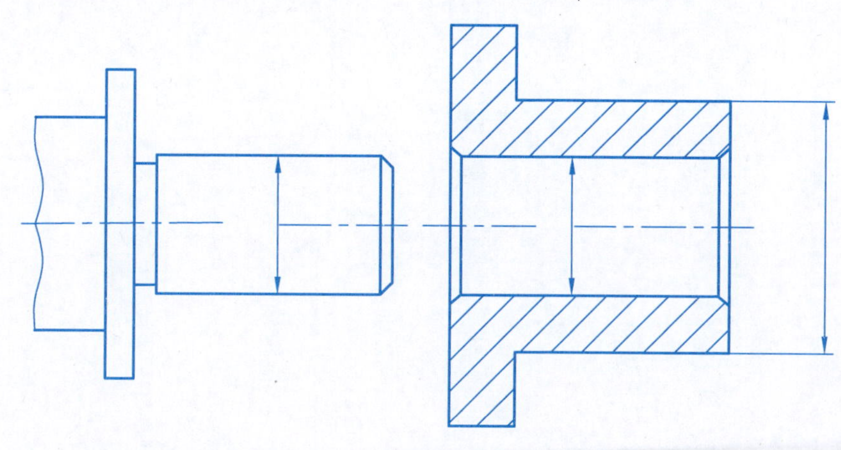

ϕ30H8/f8 是_____制_____配合。ϕ50S8/h7 是_____制_____配合。

其中:

ϕ30 是_____;H8 是_____;H 是_____;8 是_____;f8 是_____;f 是_____。

1. 查表求尺寸公差，并在对应的视图上进行标注。

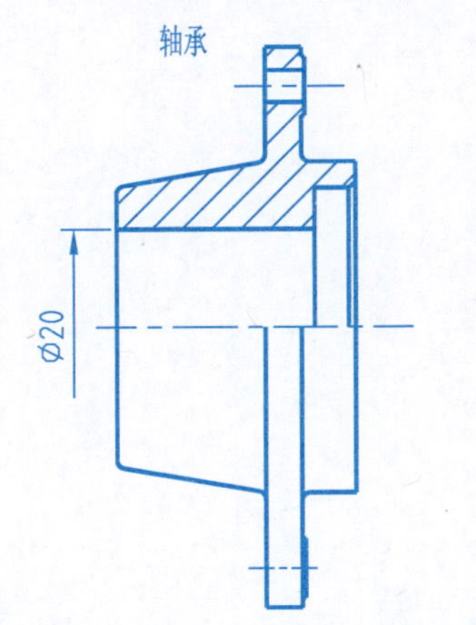

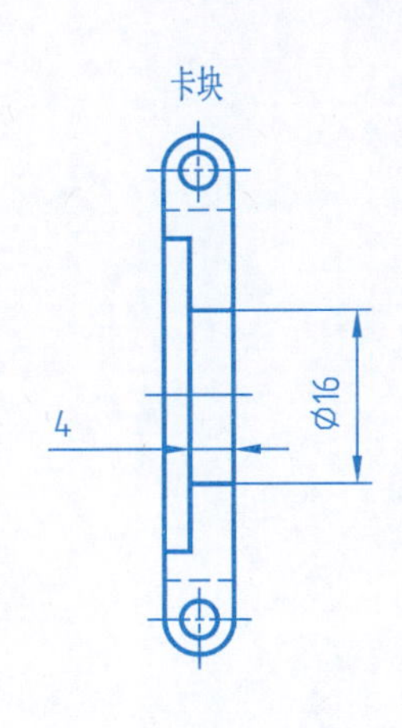

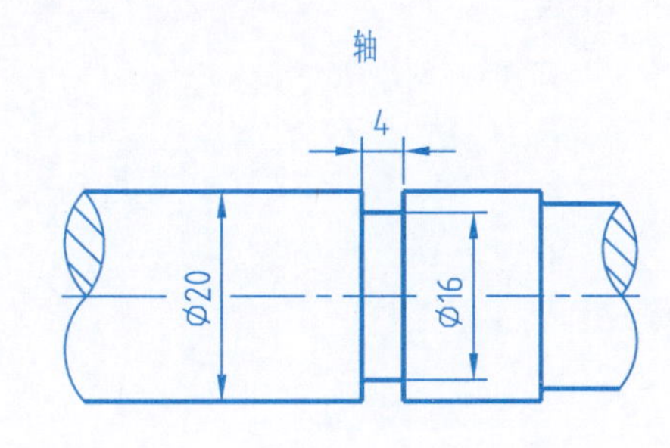

轴承孔的基本尺寸为 ϕ20，选用基孔制配合，公差等级为 IT8。

卡块孔的基本尺寸为 ϕ16，选用基轴制配合，孔的基本偏差代号为 F，公差等级为 IT8。

卡块孔 ϕ16 的深度为 4mm，选用基孔制配合，基本偏差代号为 js，公差等级为 IT7。

轴的基本尺寸为 ϕ20，选用基孔制配合，轴的基本偏差代号为 f，公差等级为 IT7。

轴颈的基本尺寸为 ϕ16，选用基轴制配合，公差等级为 IT7。轴颈的宽度为 4mm，选用基孔制配合，公差等级为 IT8。

2. 按上图零件图中的尺寸，在装配图中标注配合尺寸，并回答下列问题。

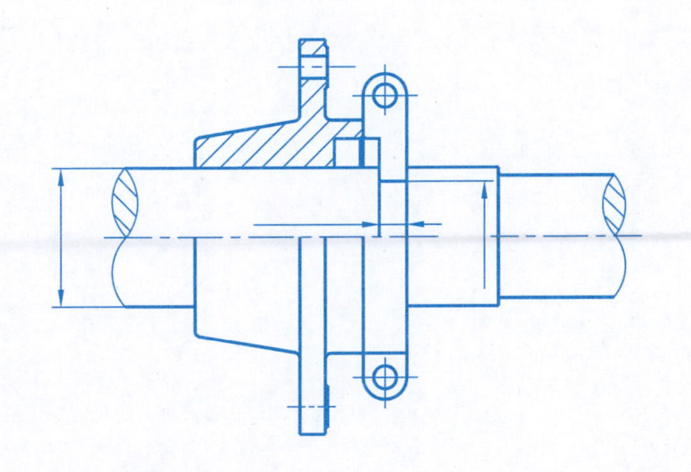

(1) 轴承与轴之间的配合为__________配合；

(2) 卡块两端面与轴径两端面之间的配合为_________配合；其最大间隙为_________mm，最大过盈为__________mm。

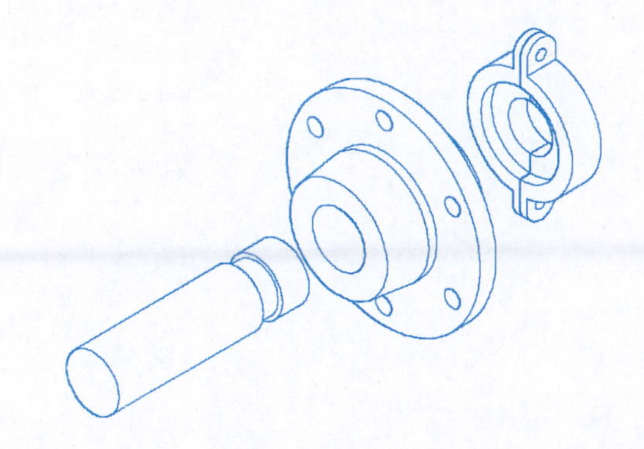

1. 查表求尺寸公差，并在对应的视图上进行标注。

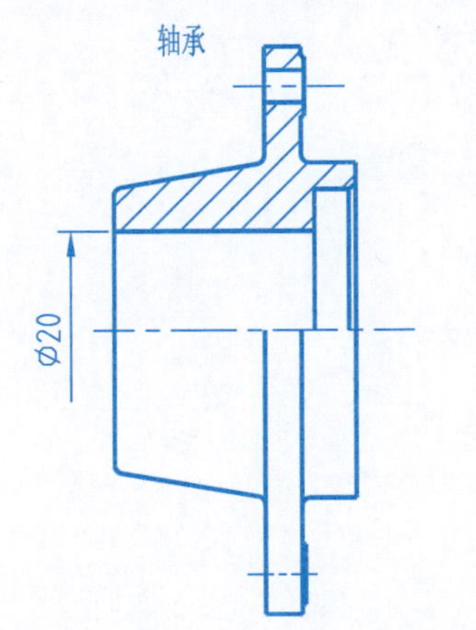

轴承孔的基本尺寸为 ϕ20，选用基孔制配合，公差等级为 IT8。

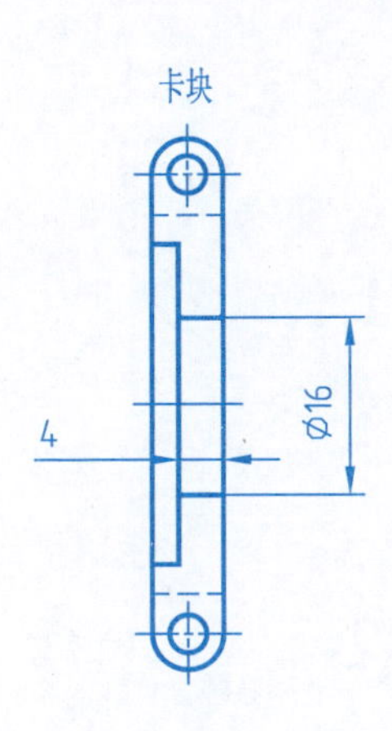

卡块孔的基本尺寸为 ϕ16，选用基轴制配合，孔的基本偏差代号为 F，公差等级为 IT8。

卡块孔 ϕ16 的深度为 4mm，选用基孔制配合，基本偏差代号为 js，公差等级为 IT7。

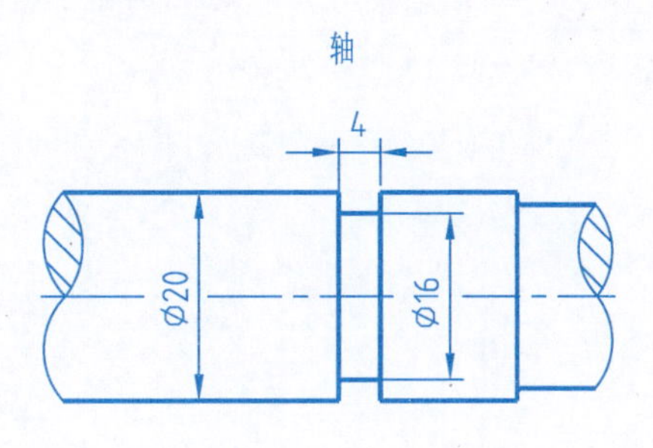

轴的基本尺寸为 ϕ20，选用基孔制配合，轴的基本偏差代号为 f，公差等级为 IT7。

轴颈的基本尺寸为 ϕ16，选用基轴制配合，公差等级为 IT7。轴颈的宽度为 4mm，选用基孔制配合，公差等级为 IT8。

2. 按上图零件图中的尺寸，在装配图中标注配合尺寸，并回答下列问题。

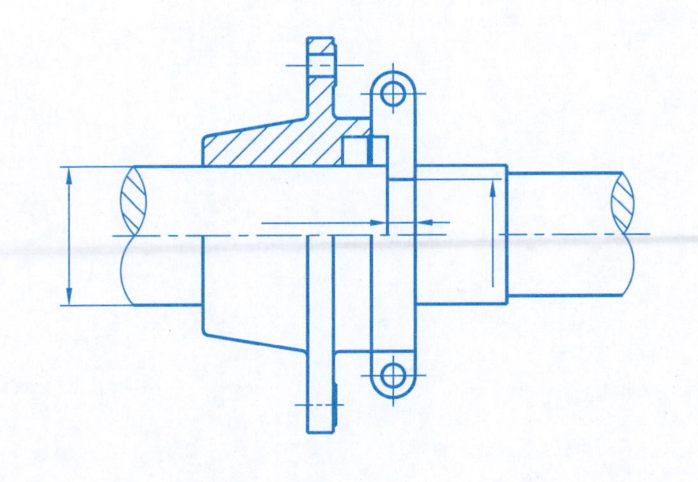

(1) 轴承与轴之间的配合为__________配合；

(2) 卡块两端面与轴径两端面之间的配合为__________配合；

其最大间隙为__________mm，最大过盈为__________mm。

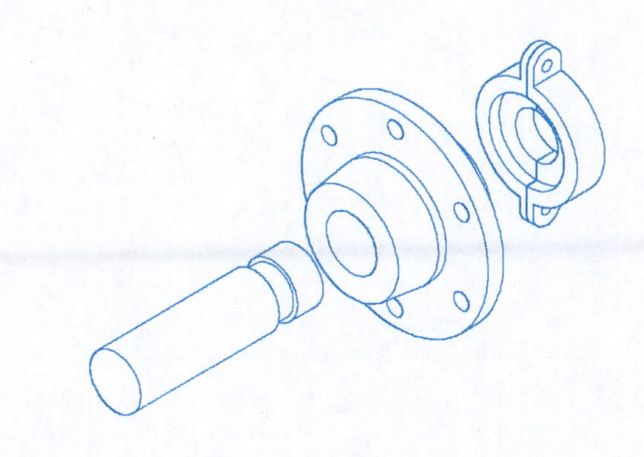

1. 看懂支架零件图，补画 A 向局部视图，并回答有关问题。

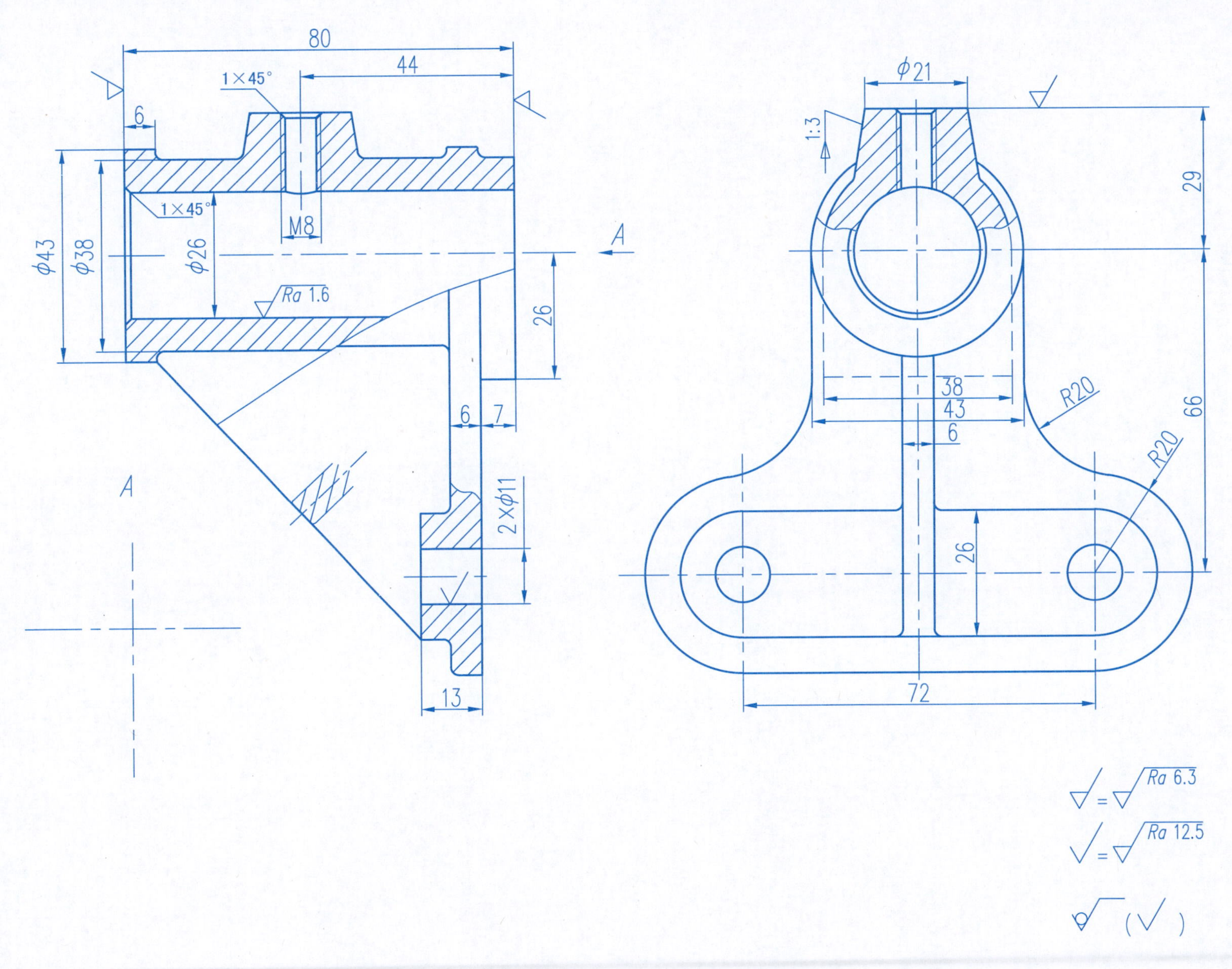

未注圆角 $R3$

(1) 支架零件图采用了哪些表达方法？＿＿＿＿＿＿＿；主视图采用了＿＿＿剖视和＿＿＿断面图。

(2) 在图中用▽指出长度、宽度和高度方向的主要尺寸基准。

(3) M8 的定位尺寸是＿＿＿。

(4) 加工要求最高的表面是＿＿＿，其表面要求是＿＿＿。

(5) ⊳1:3 中，符号⊳的含义是＿＿＿。

支架		比例	1:1	(图号)	
		件数			
制图	(日期)	重量		材料	HT200
描图	(日期)	(校 名)			
审核	(日期)	系 班			

班级	姓名	学号	52

1. 看懂曲轴零件图，补画 B—B 断面图，并回答问题。

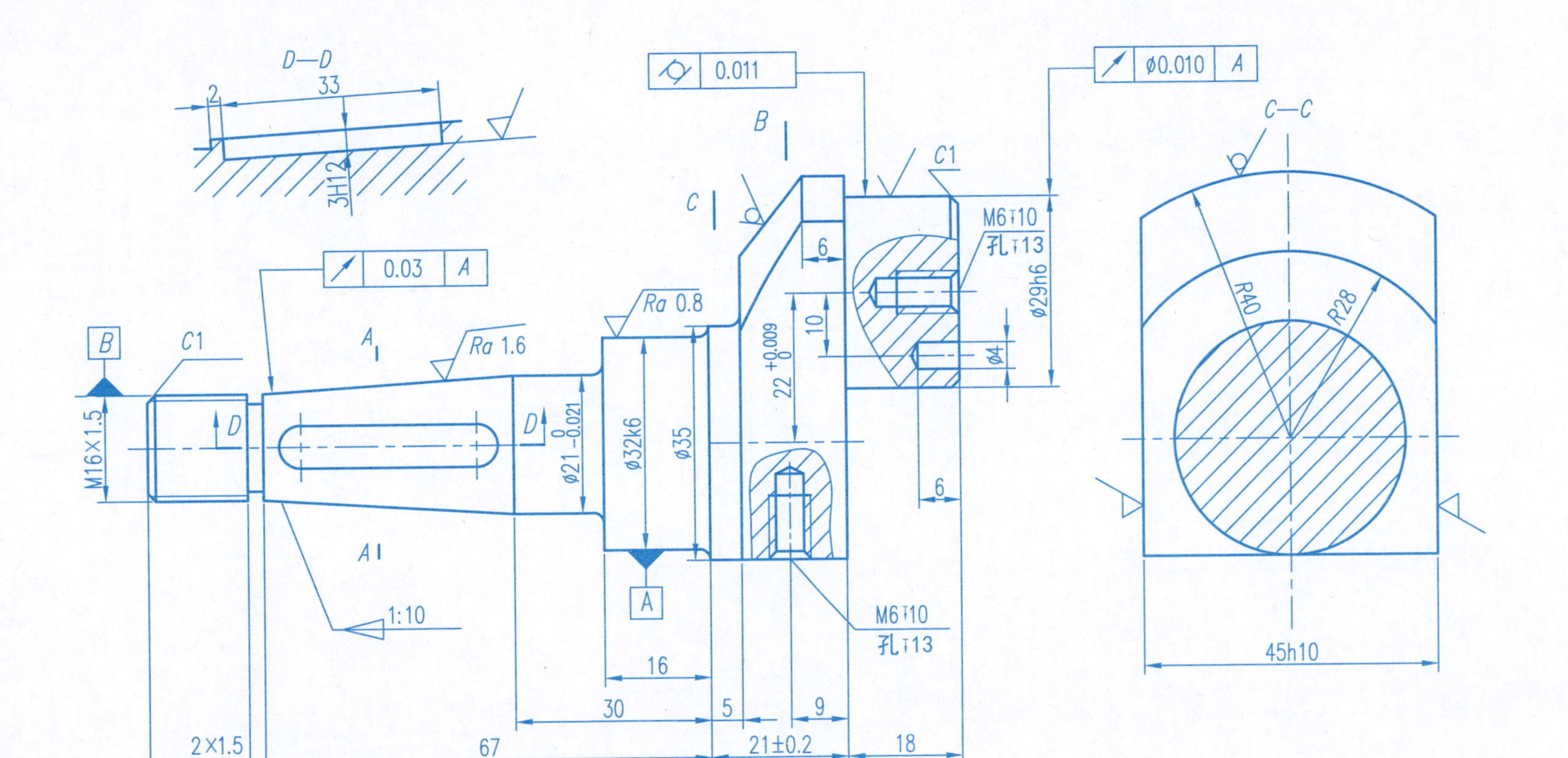

(1) 零件图用了以下表达方法：________；
左视图采用的是____剖视图。

(2) 用▽标出轴向的主要尺寸基准。

(3) 零件上加工要求最高的表面是______，粗糙度数值为____。

(4) 零件上键槽的深度是____mm，宽度是____mm。

(5) M16×1.5 中，16 是____；1.5 是____，单位是____，表明是粗牙还是细牙____。

(6) 尺寸 ϕ32k6 中，ϕ32 是____，k 是____，6 是____，k6 是____。

(7) 尺寸 21±0.2 中，上偏差是____，下偏差是____，公差是____，基本偏差代号是____。

(8) 尺寸 2×1.5 中，2 是____，1.5 是____。

(9) 尺寸 M6↧10 中，↧是指____。

(10) 如 ϕ32k6 处与轴承配合，应为____配合。

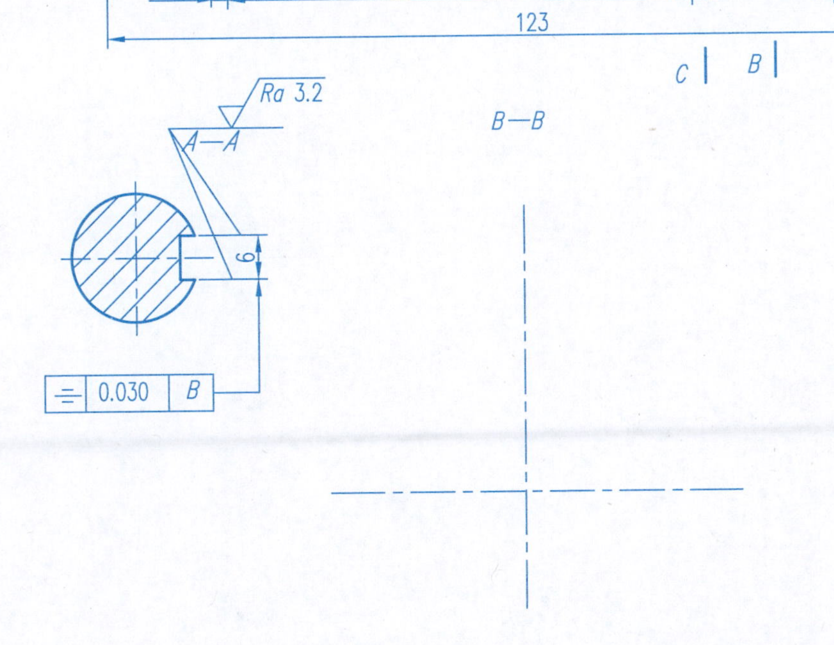

√ = √Ra 6.3

√ = √Ra 0.4

√Ra 12.5 (√)

技术要求

1. 去毛刺。
2. 曲轴表面无裂纹、碰伤。
3. 未注圆角 R2。

曲轴		比例	1∶1	(图号)	
		件数			
制图	(日期)	重量		材料	45
描图	(日期)	(校 名)			
审核	(日期)	系 班			

9-1　由零件图拼画装配图(1)	班级	姓名	学号	53

1. 读懂千斤顶的各个零件图和装配示意图，拼画千斤顶装配图。A3 图纸横置，比例 1∶1。
2. 要求：清楚表达千斤顶工作原理、装配关系和各零件的主要结构形状。螺钉连接处画局部放大图。
3. 千斤顶工作原理：千斤顶是利用螺纹传动来顶举重物的装置。工作时，绞杠插入螺旋杆的孔中，利用绞杠使螺旋杆转动，从而达到顶举重物的目的。在机械修理中常常用到千斤顶。
4. 试述螺钉 2 和 5 的作用。

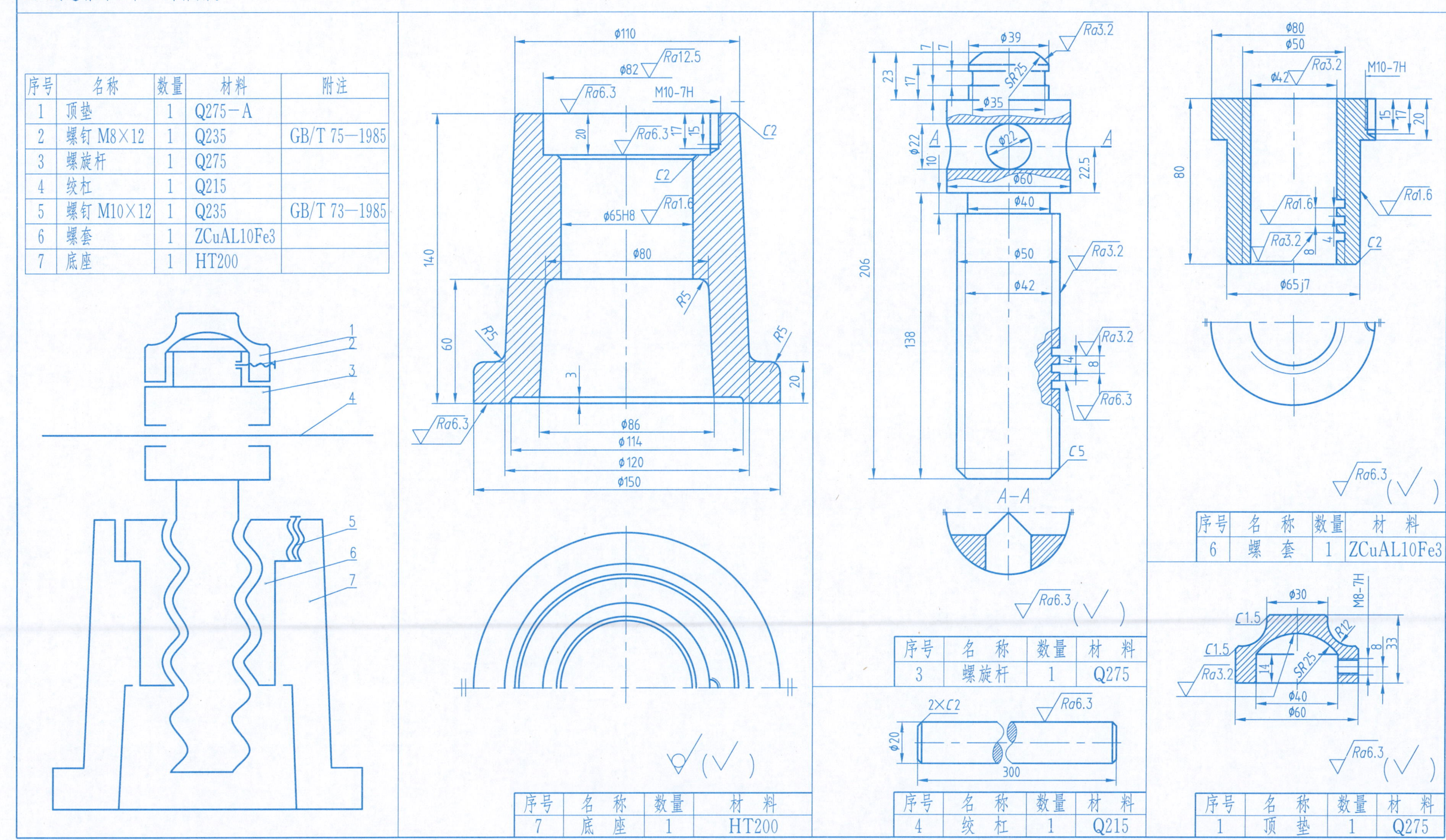

序号	名称	数量	材料	附注
1	顶垫	1	Q275-A	
2	螺钉 M8×12	1	Q235	GB/T 75—1985
3	螺旋杆	1	Q275	
4	绞杠	1	Q215	
5	螺钉 M10×12	1	Q235	GB/T 73—1985
6	螺套	1	ZCuAL10Fe3	
7	底座	1	HT200	

序号	名称	数量	材料
7	底座	1	HT200

序号	名称	数量	材料
3	螺旋杆	1	Q275

序号	名称	数量	材料
4	绞杠	1	Q215

序号	名称	数量	材料
6	螺套	1	ZCuAL10Fe3

序号	名称	数量	材料
1	顶垫	1	Q275

9-2 由零件图拼画装配图(2)

1. 看懂安全阀的各个零件图和装配示意图，拼画安全阀装配图。A2 图纸横置，比例 2∶1。
2. 要求：清楚表达安全阀的工作原理、装配关系和各零件的主要结构形状。
3. 工作原理：安全阀安装在需要控制压力的管路系统(如液压系统、化工设备等)中，用来保障系统的压力不超过额定值。在正常情况下，液体从右侧进入，从下端流出。当由于某种原因系统中压力升高超过额定值时，液体作用于阀门下端面的力就大于弹簧作用于阀门的力，阀门就向上抬起，一部分液体即经过阀门与阀体间的缝隙从左侧排出，从而保障了系统的压力不超过额定值。

序号	名　称	数量	材　料	附　注
1	阀门	1	ZCuSn5Pb5Zn5	
2	弹簧 YA2.5×25×58	1	65Mn	GB/T 2089—1994
3	垫片	1	石棉橡胶板	
4	螺钉 M5×8	1	14H 级	GB/T 75—1985
5	螺母 M10	1	8 级	GB/T 6170—2000
6	罩	1	HT250	
7	盖	1	ZG310—570	
8	螺杆	1	35	
9	托盘	1	H62	
10	螺柱 M6×20	3	4.8 级	GB/T 897—1988
11	垫圈 6	3	140HV 级	GB/T 97.1—2002
12	螺母 M6	3	8 级	GB/T 6170—2000
13	阀体	1	ZG310—570	

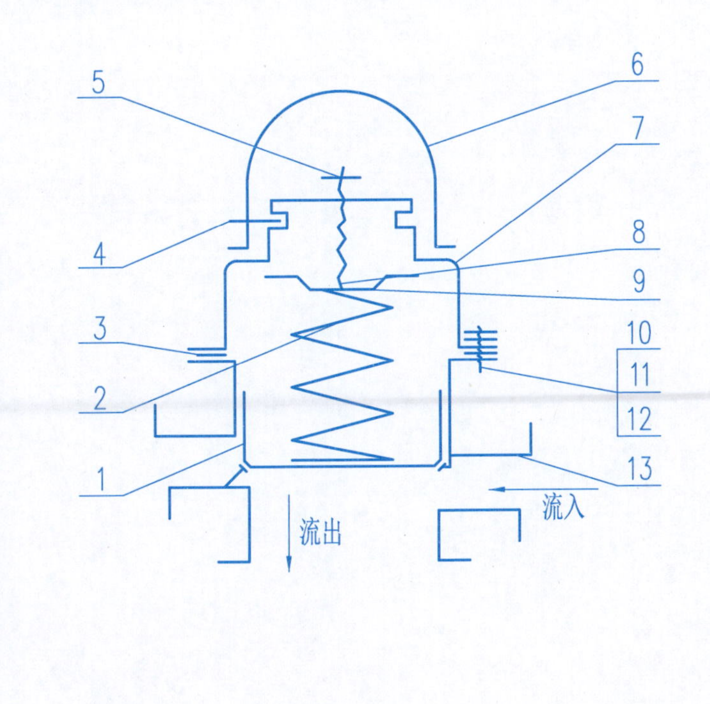

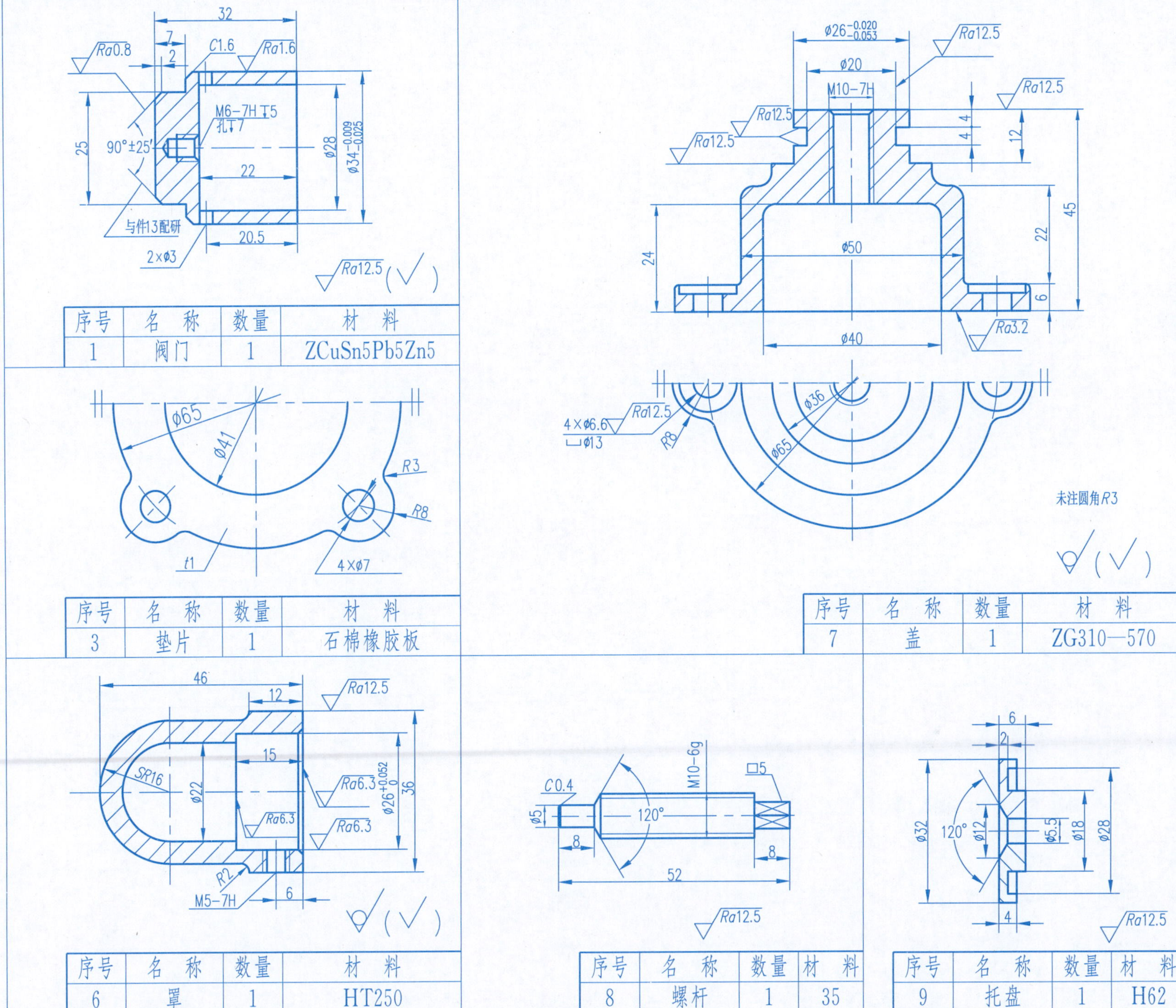

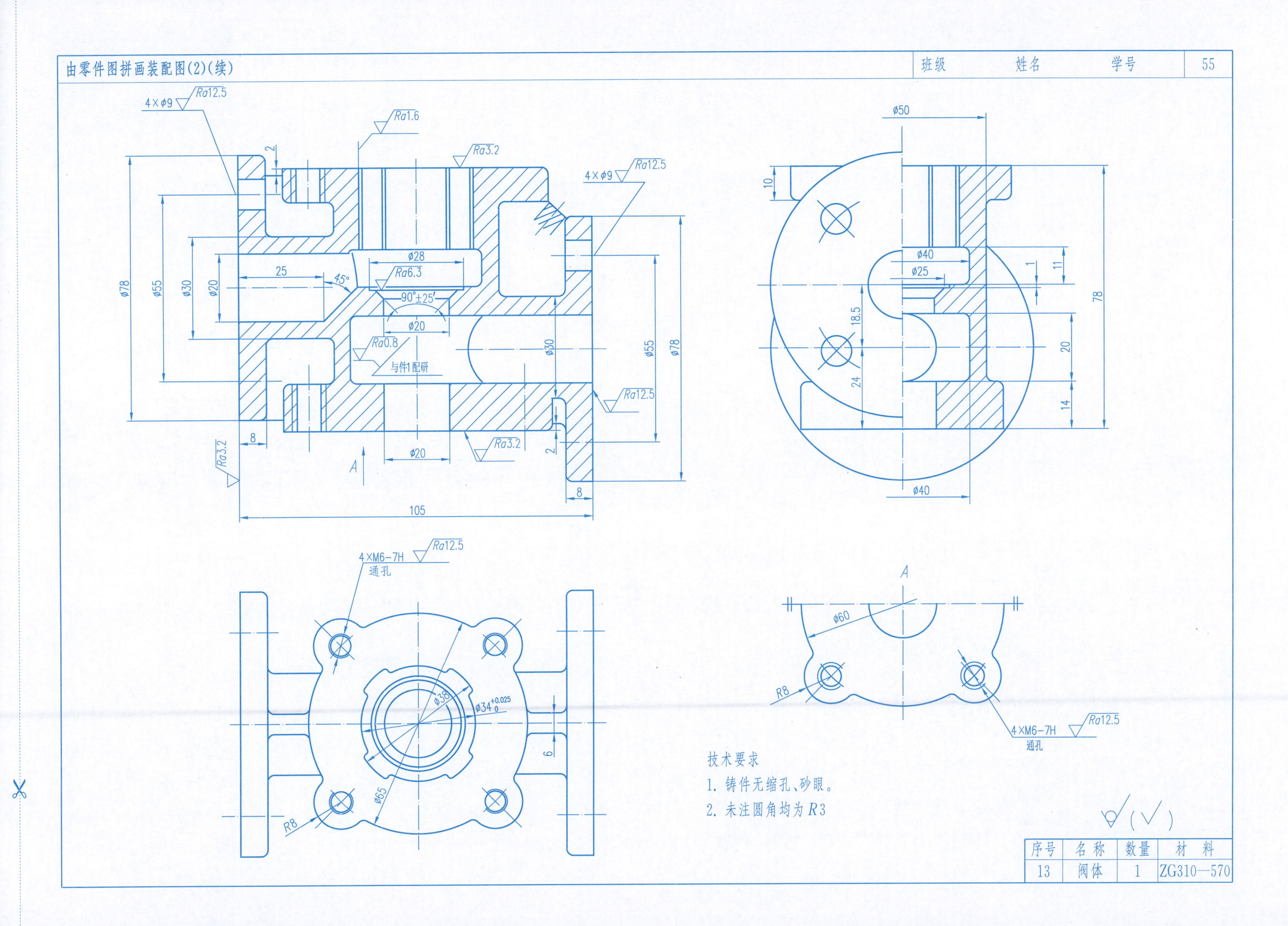
由零件图拼画装配图(2)(续)
班级
姓名
学号
55
4×φ9
Ra12.5
Ra1.6
Ra3.2
φ28
Ra6.3
25
45°
90°±25′
φ20
Ra0.8
与件1配研
φ78
φ55
φ30
φ20
8
105
A
Ra3.2
φ20
2
φ50
10
φ40
φ25
1
11
78
18.5
24
20
14
φ40
4×M6-7H
通孔
Ra12.5
φ38
φ34+0.025 0
φ65
R8
6
A
φ60
R8
4×M6-7H
Ra12.5
通孔
技术要求
1. 铸件无缩孔、砂眼。
2. 未注圆角均为R3
(√)
序号
名称
数量
材料
13
阀体
1
ZG310—570

(1) 读懂柱塞泵装配图,拆画零件1和5的零件草图。

(2) 要求:只标注装配图中已有的和零件1、5相关的尺寸,不标表面粗糙度。

(3) 回答问题:ϕ8F9/h8是________制________配合。M8×1是________螺纹,1是________。

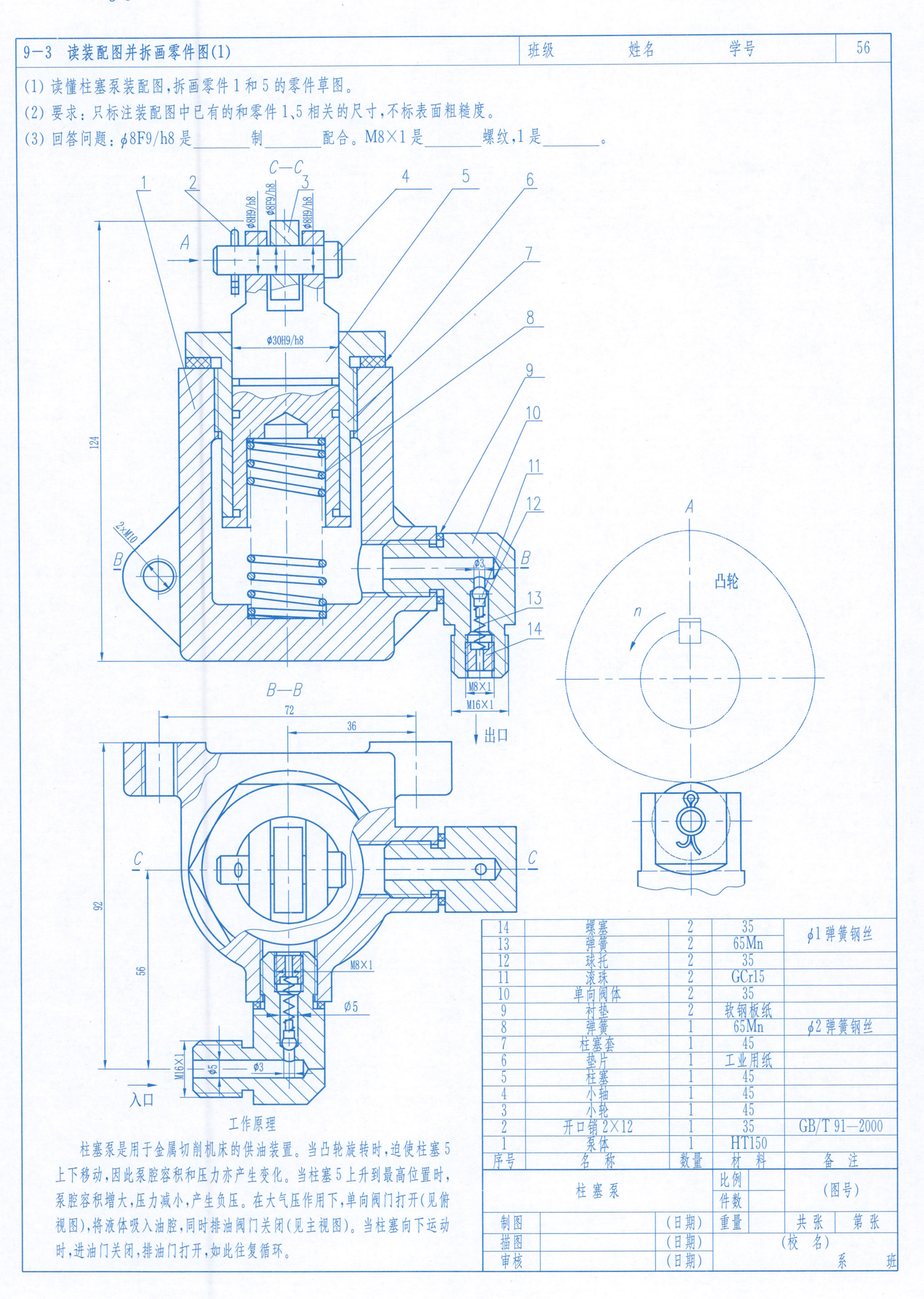

工作原理

柱塞泵是用于金属切削机床的供油装置。当凸轮旋转时,迫使柱塞5上下移动,因此泵腔容积和压力亦产生变化。当柱塞5上升到最高位置时,泵腔容积增大,压力减小,产生负压。在大气压作用下,单向阀门打开(见俯视图),将液体吸入油腔,同时排油阀门关闭(见主视图)。当柱塞向下运动时,进油门关闭,排油门打开,如此往复循环。

序号	名称	数量	材料	备注
14	螺塞	2	35	ϕ1弹簧钢丝
13	弹簧	2	65Mn	
12	球托	2	35	
11	滚珠	2	GCr15	
10	单向阀体	2	35	
9	衬垫	2	软钢板纸	
8	弹簧	1	65Mn	ϕ2弹簧钢丝
7	柱塞套	1	45	
6	垫片	1	工业用纸	
5	柱塞	1	45	
4	小轴	1	45	
3	小轮	1	45	
2	开口销2×12	1	35	GB/T 91—2000
1	泵体	1	HT150	

柱塞泵		比例		(图号)	
		件数			
制图	(日期)	重量		共张	第张
描图	(日期)	(校名)			
审核	(日期)	系　班			

9-4 读装配图并拆画零件图(2)	班级	姓名	学号	

读懂阀的装配图，折画零件4和7的零件图，并回答问题。(1) G3/4是__________螺纹，3/4是__________，单位是__________。(2) M16×1−7H/6f的含义是____________________。(3) 零件4(阀体)底座上ϕ24沉孔的作用是____________________。(4) 装配体的拆卸顺序是(用件号表示)____________________。

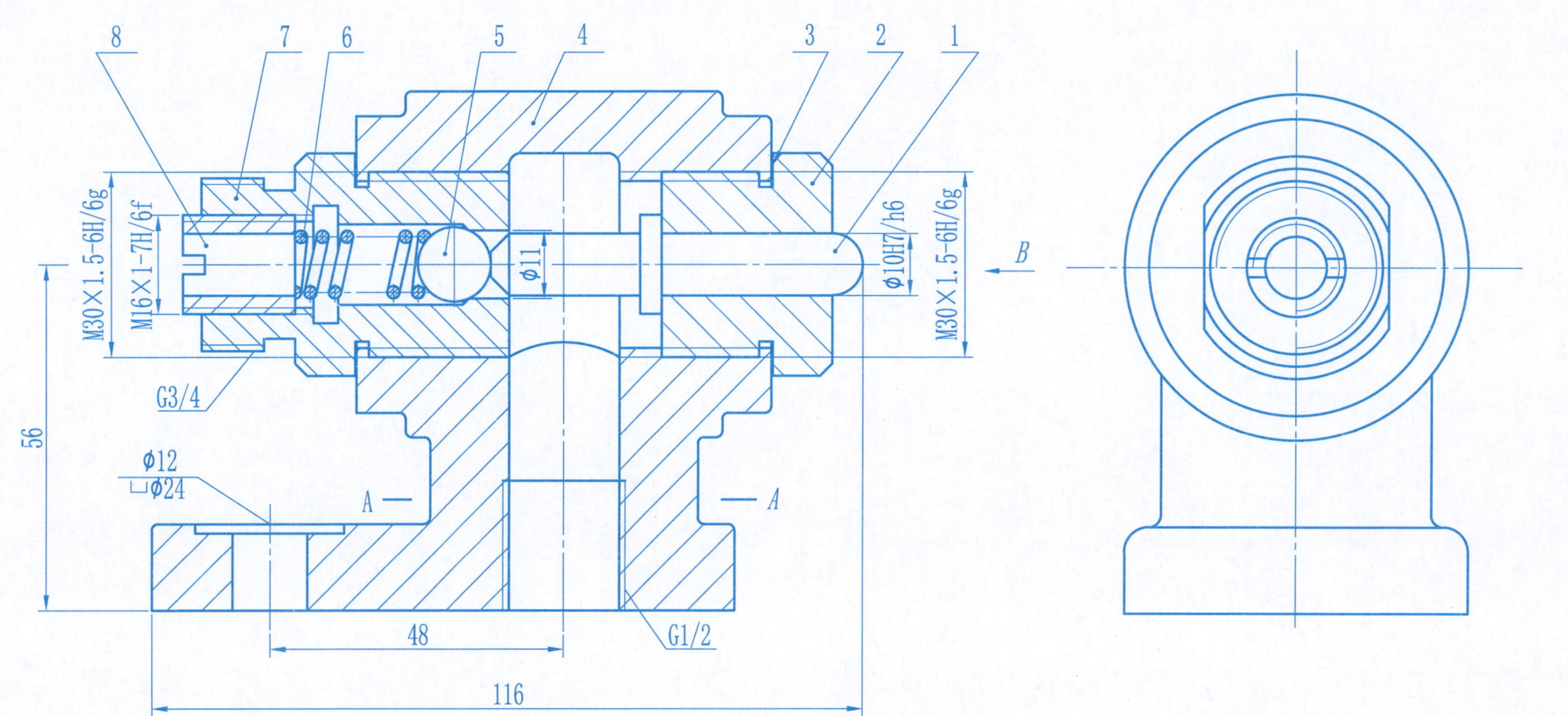

工作原理

阀安装在管路系统中，用以控制管路的“通”或“不通”。当杆1受外力作用向左移动时，钢珠5压弹簧6，阀门被打开。当去掉外力时，钢珠在弹簧力的作用下，将阀门关闭。

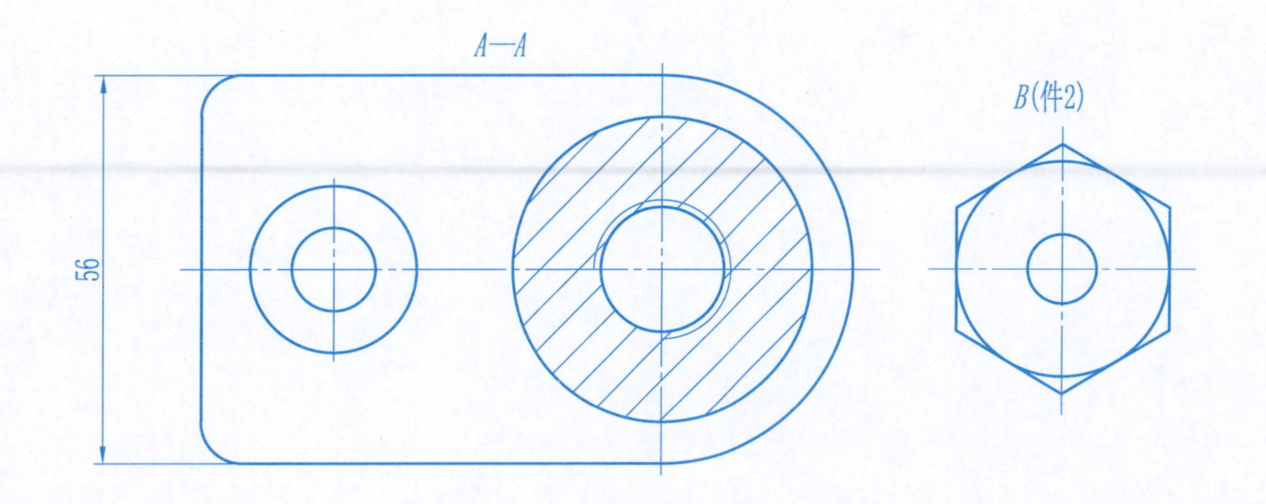

序号	名 称	数量	材 料	备 注
8	旋塞	1	30	
7	管接头	1	30	
6	弹簧 YA1×12×26	1	50	$n=8, n_1=10.5$
5	钢珠	1	45	
4	阀体	1	HT250	
3	垫片	2	橡胶	
2	塞子	1	30	
1	杆	1	30	

阀			比例	1∶1	(图号)	
			件数			
制图		(日期)	重量		共1张	第1张
描图		(日期)	(校 名)			
审核		(日期)	系 班			

读懂微调机构装配图，拆画零件9和10的零件图，并回答问题：(1) 零件11(螺钉)的作用是＿＿＿＿＿。(2) 安装尺寸有＿＿＿＿＿。(3) 装配体一共有＿＿＿＿＿个零件组成，有＿＿＿＿＿个标准件。(4) 紧定螺钉M5×8中，5是＿＿＿＿＿，8是＿＿＿＿＿。(5) ϕ30H8/k7是＿＿＿＿＿配合。(6) 8H9/h9中，8H9是＿＿＿＿＿(哪个零件)的尺寸。(7) 拆卸零件7的顺序是＿＿＿＿＿＿＿＿。

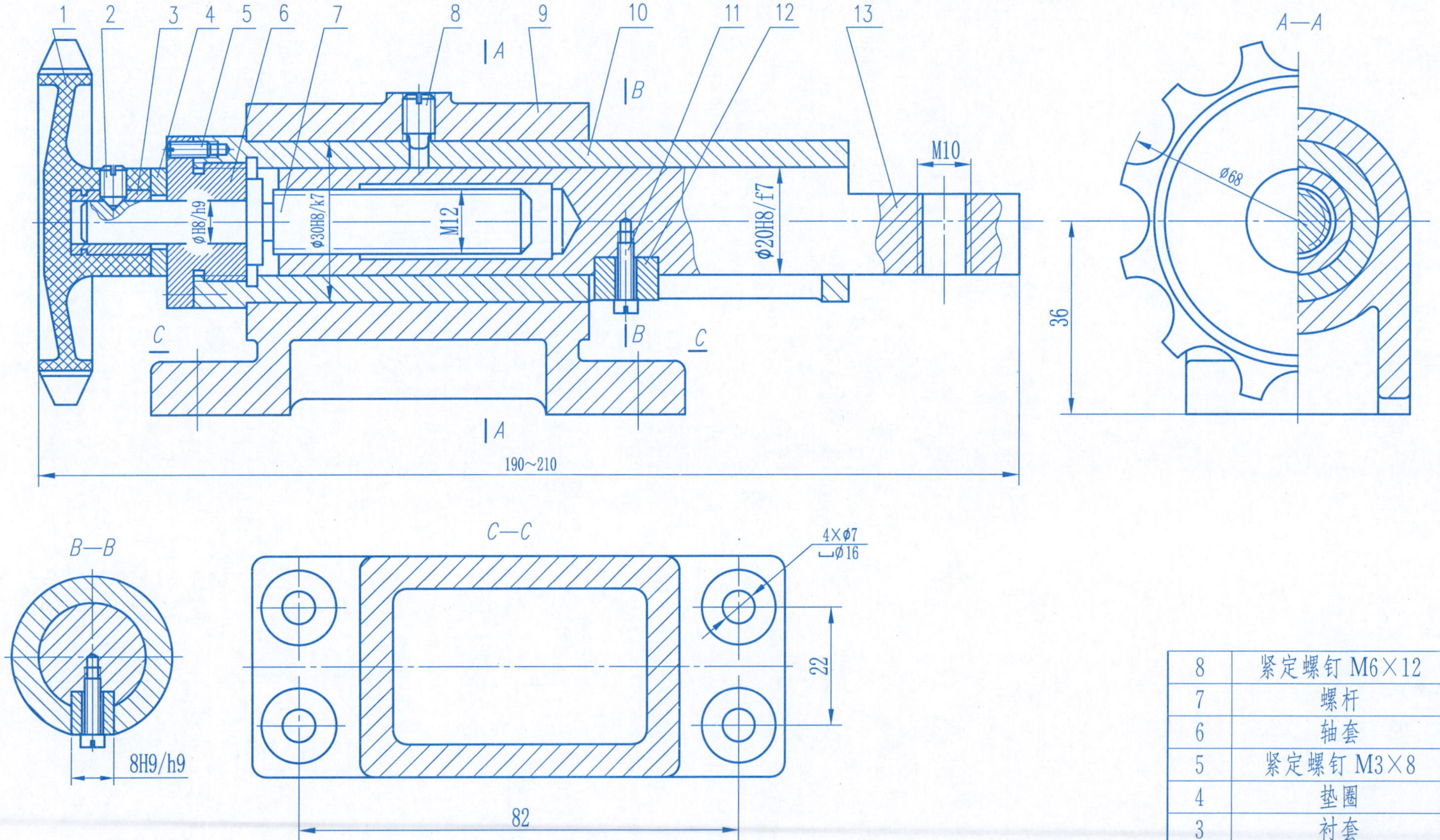

工作原理

该部件为氩弧焊机的微调装置，系螺纹传动机构。导杆10的右端头有一个螺孔M10，为固定焊枪用的。当转动手轮1时，螺杆7作旋转运动，导杆13在导套10内作轴向移动进行微调。导杆13上装有平键12，它在导套10的槽内起导向作用。由于导套10用螺钉8固定，所以导杆13只作直线移动。轴套6对螺杆7起支承和轴向定位作用。

序号	名称	数量	材料	备注
13	导杆	1	45	
12	键8×16	1	45	
11	螺钉M3×12	1	35	GB/T 65—2000
10	导套	1	45	
9	支座	1	HT150	
8	紧定螺钉M6×12	1	35	GB/T 65—2016
7	螺杆	1	45	
6	轴套	1	45	
5	紧定螺钉M3×8	1	35	GB/T 73—2017
4	垫圈	1	35	
3	衬套	1	35	
2	紧定螺钉M5×8	1	35	GB/T 71—1985
1	手轮	1	ZCuSn5Pb5Zn5	

微动机构		比例	1∶1	(图号)
		件数		
制图	(日期)	重量		共1张 第1张
描图	(日期)	(校名)		
审核	(日期)	系 班		

9—6 读装配图并拆画零件图(4)

班级　　　姓名　　　学号

读懂隔膜阀装配图,拆画零件7、8和9的零件图,并回答问题:(1) 零件14(螺钉)的作用是＿＿＿＿＿。(2) C—C 局部剖视中螺钉的作用是＿＿＿＿＿。(3) D 向局部视图表达的U形凸台的作用是＿＿＿＿＿。(4) 零件5(衬垫)的作用是＿＿＿＿＿。

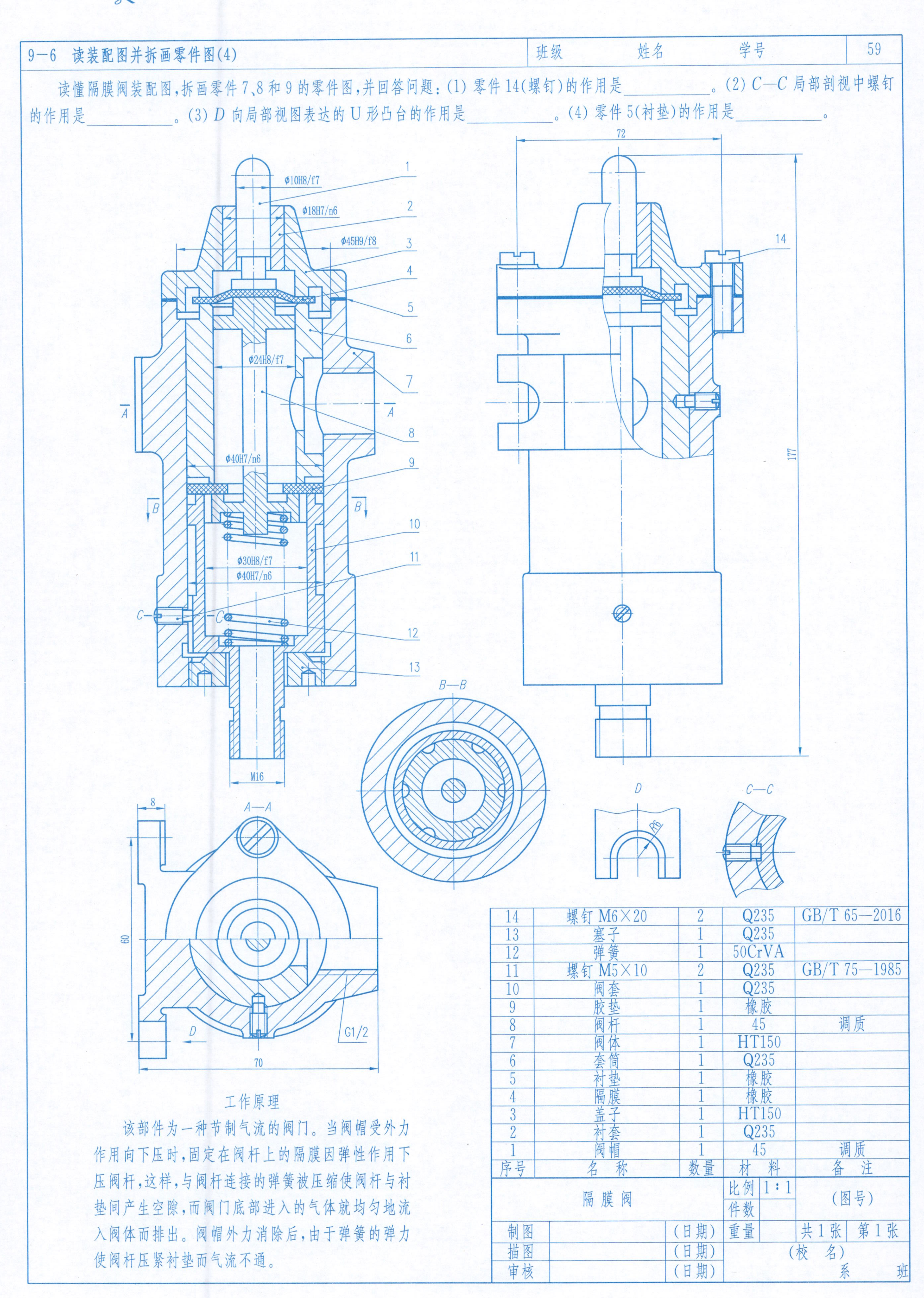

工作原理

该部件为一种节制气流的阀门。当阀帽受外力作用向下压时,固定在阀杆上的隔膜因弹性作用下压阀杆,这样,与阀杆连接的弹簧被压缩使阀杆与衬垫间产生空隙,而阀门底部进入的气体就均匀地流入阀体而排出。阀帽外力消除后,由于弹簧的弹力使阀杆压紧衬垫而气流不通。

序号	名称	数量	材料	备注
14	螺钉 M6×20	2	Q235	GB/T 65—2016
13	塞子	1	Q235	
12	弹簧	1	50CrVA	
11	螺钉 M5×10	2	Q235	GB/T 75—1985
10	阀套	1	Q235	
9	胶垫	1	橡胶	
8	阀杆	1	45	调质
7	阀体	1	HT150	
6	套筒	1	Q235	
5	衬垫	1	橡胶	
4	隔膜	1	橡胶	
3	盖子	1	HT150	
2	衬套	1	Q235	
1	阀帽	1	45	调质

隔膜阀		比例	1:1	(图号)
		件数		
制图	(日期)	重量		共1张　第1张
描图	(日期)	(校名)		
审核	(日期)	系　班		

读懂气动压力活门装配图，拆画零件1和7的零件图。

工作原理

气动压力活门是用于将进气压力降为必要的工作压力并自动地保持压力恒定的装置。

用螺钉16调节压力并用螺母17锁紧，气体通过孔Ⅰ进入壳体，当活门被弹簧3压下后气体到达Ⅱ区，并通过小孔与隔膜下的空间和压力表插座Ⅲ相接通。当隔膜下的压力升高时，弹簧3被压缩，此时在弹簧11的作用下，活门减小或封闭气体从Ⅰ区到Ⅱ区的通道。这样就保持了Ⅱ区的常值压力。盖子1上有排气孔Ⅳ，用来排除隔膜上方压力变化对减压器工作的影响。

A—A

序号	名　称	数量	材　料	备　注
17	螺母 M10	1	Q235	GB/T 6170—2015
16	调节螺钉	1	Q235	
15	套	1	Q235	
14	密封环	1	橡胶	
13	活门座	1	Q235	
12	垫片	1	橡皮	
11	弹簧	1	65Mn	
10	螺塞	1	Q235	
9	活门	1	Q235	
8	压头	1	Q235	
7	壳体	1	HT150	
6	隔膜	1	橡胶	
5	螺栓 M6×30	4	Q235	GB/T 5782—2016
4	硬芯	1	Q235	
3	弹簧	1	65Mn	
2	弹簧压片	1	Q235	
1	盖子	1	HT150	

气动压力活门	比例		(图号)
	件数		
制图　　(日期)	重量		共 张　第 张
描图　　(日期)	(校　名)		
审核　　(日期)	系　　班